花かげの物語

土居善胤

Doi Yoshitane

出窓社

はじめに

昭和五十九年の春、三月の初めでした。

枝にしがみついて、北風の寒さに耐《た》えていた桜の蕾《つぼみ》が、春一番《はるいちばん》の風信《ふうしん》にちょっと頭をもたげて、陽気をうかがっていました。

Spring is near at hand.（春は、もう手のひらに……）

あと二十日もすれば、福岡市南区の、通称《つうしょう》〝桧原桜《ひばるざくら》〟は満開でしょう。

しかし、悲しい運命《さだめ》が待っていました。道路の拡幅《かくふく》のために、樹齢《じゅれい》五十年の桜並木が明日にも伐《き》られそうで、その風情《ふぜい》が哀《あわ》れでした。

花が開くまで、あとしばらく伐《き》るのは待ってほしい。せめては、終《つい》（最後）の開花を許してほしい。そう願って私は、桜をこよなく愛した進藤一馬《しんとうかずま》福岡市長に〝花守《はなも》り〟の名を捧《ささ》げて、夜明け前の桜並木に命乞《ご》いの色紙《しきし》をかけたのです。

この小さなアクションが、通称、桧原桜の周《まわ》りに起こった不思議なドラマの開幕でした。

それをきっかけに多くの人たちからの命乞いの歌の短冊《たんざく》や色紙が次々に桜にかけられて、あれよあれよと、〝花あわれ〟の大合唱にひろがったのです。

そのなかにひっそりと、雅号《がごう》、香瑞麻《かずま》の一首《いっしゅ》があって、ほどなく進藤市長の返歌《へんか》だと知れました。

それから、花守りたちが、次々に登場して、不思議な連携《れんけい》プレーで桜を守りました。花の陰《かげ》にひそんで、顔も名前も知らない同士《どうし》でしたが、おたがいに〝花あわれの黙契《もっけい》〟で結ばれていたのでしょう。

そして、終《つい》の開花がかなえられ、さらには、道路計画が花を活《い》かす道に変更されて、桧原桜は〝永遠《とわ》の開花〟に恵まれたのです。

たまたま久留米市《くるめし》（福岡県）に来ておられた作曲家、團伊玖磨《だんいくま》さんからも、『アサヒグラフ』連載《れんさい》の名随筆《めいずいひつ》「パイプのけむり」で、ありがたいエールをいただきました。

あれから十八年。ぽつりぽつりと届けられてきた花便《はなだよ》りから、点と線が結ばれて、「桧原桜《ひばるざくら》物語」の輪郭《りんかく》が浮かびあがってきました。

ふりかえれば、桜並木から花守りたちへの礼状がずいぶんたまっているようです。

その代筆《だいひつ》は、最初にＳＯＳを発信した、私の役目なのかも知れません。

＊桧原桜公園の位置は、本文一八二頁の地図をご覧下さい。

花かげの物語 ✿ 目次

花かげの物語

〃黙契《もっけい》〃は、口にださないでも、通じあう心。
ちいさなハプニングから、〃花あわれ〃の黙契が紡《つむ》がれました。
これは、福岡市南郊《なんこう》の桜並木の助命にかかわった、「花かげの花守りたち」の
ちいさな不思議な物語です。

一、人のこころの花ふぶき

❀――風の会話

あの目頭《めがしら》に焼きついて忘れられない風景は、もう十八年前。そうです。昭和五十九年の春、四月のことでした。
出勤《しゅっきん》のため、満開の桜並木の下をバス停《てい》へ急いでいると、若いお父さんが二人の坊《ぼう》やと走って来ました。小学一年生と幼稚園児ぐらいの腕白盛《わんぱくざか》りの兄弟のようです。親子でジョギングでしょうか。そろいのトレパン姿で、微笑《ほほえ》ましい朝の風景です。
ちびさんが
「パパ。さくらきれいだね」
お父さんが
「ああ。きれいだね。桜が助かってよかったね」
瞬間《しゅんかん》に、たったひとこと。親子は話しながら、私のそばを、風のように駆《か》け抜《ぬ》けていきました。

「あゝ、よかった。桜が助かってほんとうによかった」

三週間前に思わぬなりゆきから、桜並木のSOSを発信した私は、全身に嬉《うれ》しさがこみあげてきて、足どりが弾《はず》んでいました。

爛漫《らんまん》の桜が朝陽《あさひ》に映《は》えて、私に微笑《ほほえ》んでくれている、そんな気分でした。福岡市南区の桧原《ひばる》一丁目、蓮根池《れんこんいけ》の畔《ほとり》の春風の風景でした。

花あわれ

道路の拡幅《かくふく》工事で伐《き》られることになっていた桧原桜《ひばるざくら》の助命に、私がかかわったのは、その約一月前の三月初めに起こった小さな事件が発端《ほったん》でした。

道の上にかぶさるように、枝いっぱいに蕾《つぼみ》をふくらませていた九本の桜並木が、その朝一本伐られていました。

頭上《ずじょう》にぽっかりと、そこだけ朝空が抜けています。日中の車の通行をさけて、昨夜のうちに行われた作業だったのでしょう。道には樹片《じゅへん》ひとつなく、きれいに片づけられていましたが、それだけに生々《なまなま》しい切り株《かぶ》が無残《むざん》でした。

かねてからその予感はありましたが、眼の前の痛《いた》ましい現実に、私は呆然《ぼうぜん》としていました。

春はまだ浅い、昭和五十九年三月十日、土曜日の朝。出勤途中《しゅっきんとちゅう》の異変《いへん》でした。

✻――道幅が広げられた

戦後の福岡市は、昭和四十七年に政令指定都市《せいれいしていとし》となり、五十年の新幹線博多《はかた》乗り入れと相《あい》まって、商社や事業所の進出ラッシュが起こり、人口も百万人（現在百三十三万人）を突破《とっぱ》して、文化と経済面で目覚《めざ》ましい発展をとげていました。

それにともなって、都心部と郊外の住宅ゾーンを結ぶアクセスの整備が急務《きゅうむ》となり、道路の拡幅工事がはかられるのは必然の成《な》り行《ゆ》きでした。

福岡市の中心地の天神《てんじん》から南区の桧原《ひばる》・柏原《かしわら》にぬけるメイン道路のひとつが、桧原の入口で、くねくねと曲がった狭《せま》い道に阻《はば》まれていました。このあたりは、古くから干《かん》ばつに悩まされ、農業用水を確保するために、農家の人たちが作った溜《た》め池《いけ》が点在《てんざい》しています。赤牟田新池《あかむたしんいけ》、松本池、蓮根池《れんこんいけ》（旧名、赤牟田池）もそのひとつで、それらの池々の間をめぐる道は、幅のせまい農道で、車がすれちがうのも困難でした。

幅約十二メートルの拡幅工事が、農道の南北から進められてきて、あとは松本池と蓮根池に挟《はさ》まれた百数十メートルを残すだけです。桧原桜は、その蓮根池の畔《ほとり》に植わっている樹齢《じゅれい》五十年の桜並木です。昭和六年に、道路の拡幅と池の堤防《ていぼう》補強《ほきょう》工事が行われた際に、堤防の両側に植えられた数十本の桜の名残《なごり》です。

昭和五十九年の年が明けると、桧原桜が伐《き》られるのは、いよいよ現実のこととなっていました。

——いやーで恥ずかしい

物語の主役である桧原桜は、わずか九本の桜並木でしたが、春を迎えると、樹齢五十年のみやびな姿を蓮根池の水面《みなも》に映《うつ》して、花見客が絶《た》えません。顔なじみの住人た

ちが桜に溶《と》け込んで声をかけあう、のどかな花見風景が毎年くり返されていました。花吹雪《はなふぶき》から眩《まぶ》しい若葉《わかば》、汗《あせ》わすれの緑の木陰《こかげ》まで、周辺の人たちの生活にすっかりなじんでいた桜並木が、いよいよ伐《き》られるのです。枝に蕾《つぼみ》をいっぱいつけて、可憐《かれん》に春を待っている姿が哀《あわ》れです。

喜寿《きじゅ》を迎《むか》えたお袋《ふくろ》も、毎日の散歩でなじんでいた桜並木の不運を、とても嘆《なげ》いていました。

なんとかして助けたい。それがかなわぬなら、せめてはこの春の最後の開花をかなえてやりたい。なんの手だても思い浮かばないままに、いつもお袋と話し合っていたのです。

お袋は家内《かない》の母親です。どういうわけか、私の家が気にいって、私を〝兄《にい》ちゃん〟と呼びながら、一緒《いっしょ》に暮《く》らしていました。毎日の朝の散歩コースが、桜並木の道でした。だから人一倍の思い入れで、「兄ちゃん。もうすぐ花が咲くのに、いま桜を伐るのは可哀想《かわいそう》や。市はいけないよ」と、私に憤慨《ふんがい》をぶっつけるのでした。

そうしたある日。久しぶりに気分がゆったりの日曜日でした。

お茶を飲みながら

「いよいよ桜が伐《き》られそうや。哀《あわ》れやなあ。花が散《ち》るまで伐らんどいてと、市長さんに陳情《ちんじょう》に行かんね。八十近いお袋さんが頼みに行ったら、たいてい聞いてやんしゃるよ」と、話しました。

するとお袋がふだんの元気はどこへやら、小さい声で「いやーで。恥《は》ずかしい」と言ったので、家内《かない》と笑ってしまいました。

――なんとかしなければ

その頃、私は勤《つと》めている銀行の広報面《こうほうめん》を担当していました。

取引先の企業が右肩上《みぎかたあが》りの成長を続けていた頃で、銀行員の私たちも、目のまわるような忙《いそが》しさと格闘《かくとう》していました。気疲《きづか》れもなかなかで、からっと発散《はっさん》しなければ、とても心気晴朗《しんきせいろう》の仕事はできません。それで気分一新のために、すぐ隣《となり》のビルで開かれている朝日カルチャースクールで、小川蓮《れん》太郎先生の油絵教室に入門して、水曜夜のサークルに通っていました。

先生は、私が初めて描《か》いた油絵をグループ展の入口にかけられる気持ちのひろやかな方で、「筆とパレットは、上質の石鹸《せっけん》で洗いなさい」が口癖《くちぐせ》でしたが、日常の言葉に深みがあり、振る舞いが凛《りん》としていました。

私は人生に大切なことを、絵を通していろいろ教わっていました。絵を習いながら、人生の師匠《ししょう》についた思いで、毎週水曜日の〝傑作《けっさく》〟没頭《ぼっとう》の二時間は、頭がカラッポになる貴重《きちょう》なリフレッシュタイムでした。

桜並木の一本の無残《むざん》な切《き》り株《かぶ》を目撃《もくげき》したその日の夕刻《ゆうこく》には、ちいさな祝《いわ》いの会が予定されていました。サークル仲間で、絵も陶芸《とうげい》もゴルフも万能《ばんのう》、面倒見《めんどうみ》がよくて、サークルの級長さん格だった岡本孝彦さんが市の美術展に入賞したので、絵画仲間《かいがなかま》が赤坂門《あかさかもん》の小料理屋《こりょうりや》で祝杯《しゅくはい》をあげたのです。

ジョッキをかさねているうちに、話題が絵画談議《かいがだんぎ》から社会談議にエキサイトしてきました。そこで、私が朝から胸につかえていた桜の話をもちだすと、当夜の芸術家たちはたちまちに、〝にわか花守り〟に変身しました。

赤ちゃんを可愛《かわい》がるのが子守りで、花を大切にするのが花守りです。とりわけ桜は日本人の心情にとけこんだ花ですから、みんな桜の花守りです。当夜の四人も同様で、開花を待たないで桜を伐《き》るのはけしからんと、風流談議《ふうりゅうだんぎ》が少々激《はげ》しく賑《にぎ》やかな市政《しせい》批判《ひはん》となったのも、当然の成り行きだったでしょう。

昂《たか》ぶった気分のままに帰りのタクシーに乗りましたが、桜のことが気になってなりません。胸のドキドキは、酒の酔《よ》いだけではなかったのです。

残りの桜が伐《き》られていないか。数本でも残ってるか。桜並木のすこし前で車を降《お》り、重い足をはこんできっと見れば、桜は無事で、ほっとしました。

土曜日で伐採《ばっさい》が休みだったのかもしれません。明日は日曜日だからまずは安心、二日間の延命《えんめい》は確かなようです。

桜たちのはかない幸運に、よかった、よかったと口にしながら、私は桜の幹《みき》をひたひたと叩《たた》いてまわっていました。

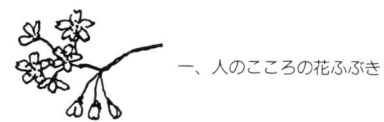

✿——ちいさな冒険

しかし、残り八本の桜にもう猶予《ゆうよ》はありません。はかない命で、週があければ、たぶん、伐《き》られてしまうでしょう。

それから私がとった行動は、自分でも、まったく不思議です。誰かと相談したり、作戦を練《ね》ったわけでもありません。まるで決まっていたことのように何かが私を駆《か》りたてたのです。

ちょっと調べものをするからと、家内《かない》を先に寝《やす》ませました。それから、引き出しから色紙《しきし》を取り出して、花たちの助命嘆願《じょめいたんがん》を代筆《だいひつ》していました。色紙は、永年つき合いのあるグラフィックデザイナーで童画家《どうがか》の西島伊三雄《にしじまいさお》さんが、いつ来られても即興《そっきょう》で絵を描けるように用意していたものです。

西島さんは数々のグランプリに輝《かがや》く福岡市在住のデザイナーで、味のある童画家としても知られています。達筆《たっぴつ》の西島さんに筆をとってもらえば申し分ありませんが、

これは緊急《きんきゅう》だし、それに私の密《ひそか》ごとです。自分で書くしか仕方がありません。

エイッと思いきって色紙に向かいました。色紙なら筆でしょうが、祝儀袋《しゅうぎぶくろ》の表書《おもてが》きさえ人頼《ひとだの》みの私です。悪筆《あくひつ》ではさまにならないし雨が降《ふ》れば字が流れるでしょう。それで私流《わたしりゅう》に、マジックペンで書いていました。

花守り進藤市長殿

花あわれ
せめてはあと二旬《にじゅん》
ついの開花《かいか》を
ゆるし給《たま》え
（＊あと二旬は、あと二十日の意）

花あわれに思いをこめると、あとはひと息でした。別に文案を練《ね》るでもなく、あの市長さんならと、「花守り」の前置《まえお》きもすらすらとうかびました。気持ちのままに、マジックペンが走っていました。

桜の幹《みき》に結《ゆ》わえるビニール紐《ひも》を手頃《てごろ》の長さに切りそろえ、色紙に二本ずつ通して準備完了です。目覚《めざ》まし時計を朝の五時にセットして寝《しん》につきました。

次の日は三月十一日、日曜日。まだ暗い未明《みめい》の五時に、目覚ましのリーンで目を覚《さ》ましました。すぐにベルを止めました。いい按配《あんばい》に、家内《かない》はすやすやと眠っています。起こさないようにそっと床《とこ》をはなれました。

わが家の門扉《とびら》は、友人の城《じょう》さんが、三十年前に鉄骨《てっこつ》を組み合わせて作ってくれた頑《がん》丈《じょう》なもので、開閉《かいへい》にキーッと音を立てて〝深夜《しんや》の紳士《しんし》〟の来訪《らいほう》を拒《こば》んでいます。

色紙を大事に小脇《こわき》に抱《かか》え、音がしないように静かに扉をあけました。まるで忍者《にんじゃ》のように、そっと家を抜《ぬ》けだして夜明け前の闇《やみ》のなかを池畔《ちはん》へ急ぎ、いちばん道端《みちばた》の桜から色紙を結《ゆ》わえました。誰かに見られていないか、気がはやって胸がドキドキしていました。

色紙は六、七枚用意していましたが、桜の枝に三枚だったか、四枚だったか結わえるとそれでもう十分でした。人目《ひとめ》につくのが気恥《きは》ずかしくて、〝夜明け前の冒険《ぼうけん》〟になったのですが、さすがにこの時間では、ジョギングの人も走っていません。

後日《ごじつ》、お天気相談所に確《たし》かめると、この日の福岡の夜明けは六時半頃だったそうで、当時は夜間照明《やかんしょうめい》もついていなかったので、早朝五時の桜並木はまだ暗闇《くらやみ》でした。誰《だれ》にも気づかれないで家に帰り、そっと床にもぐりこみました。照れくさいので、家内にも内緒《ないしょ》の隠密行動《おんみつこうどう》でした。冒険《ぼうけん》完了。思わず、大きなため息が出ました。体じゅうに、パンパンに張《は》りつめていたものがすーっとぬけて、胸の中が軽くなりました。それから、ぐっすり朝寝《あさね》しました。

目が覚めれば快晴《かいせい》の日曜日です。この日はお袋の喜寿祝《きじゅいわ》いに、家内とお袋の三人で玉屋デパートへ出かけました。東京、大阪、宮崎にいる家内の姉妹たちから祝いを一任されていたのです。お袋の希望は羽根布団《はねぶとん》だったので、その品選びに出かけたのです。

私はほかにも用事があったので、早めに家を出て、デパートで待っていました。約束の時間に家内が顔を見せるやいなや、「市役所から電話がかかって、道路の樹《き》に悪さをせんでとひどく叱《しか》られた。あなた、悪戯《いたずら》せんどって」と言います。

思わず「えっ」と声をのみましたが、家内の目が笑《わら》っています。な〜んだ。今日は日曜日で、そんな電話がかかるはずがない。すぐに家内お得意《とくい》の悪戯《いたずら》だと気がつきました。

聞けば、私が出かけたあとで、池の周《まわ》りを散歩していたお袋が変な色紙を見つけたのだそうです。誰かが桜に悪《わる》さをしているのでは……、と近寄《ちかよ》ってみれば、なんと見《み》慣《な》れた息子《むすこ》の悪筆《あくひつ》です。「泥棒《どろぼう》を捕《と》らえてみれば我《わ》が子なり」で、夜明け前の私のイタズラがすっかり露見《ろけん》していたのでした。

❀——やさしい執行猶予《しっこうゆうよ》

さて、次の日は月曜日です。桜が気になって、はらはらして家路《いえじ》を急ぎましたが桜は無事でした。色紙も私が結《ゆ》わえたままです。火曜日も、水曜日も……。その都度《つど》ほっとし、そして明日も平安にと願う日々が続いていました。

一週間たっても、桜並木は伐《き》られませんでした。きっと、命乞《いのちご》いの色紙を見た業者さんが、桜を伐るのを見合わせて、市に連絡されたのでしょう。邪魔《じゃま》で無用と、色紙を破《やぶ》り捨《す》てて伐採《ばっさい》を強行しても、請《う》け負《お》った仕事ですから非難されることはありません。世間《せけん》ではざらにある話です。

しかし、この人は違っていました。桧原桜《ひばるざくら》は、優《やさ》しい業者さんの執行猶予《しっこうゆうよ》で、伐採を免《まぬか》れたのでしょう。家族規模の小さな業者さんだったのかもしれません。大手の業者だったら、九本の伐採ぐらいなら、一日で完了していたはずです。まことに桧原桜は紙一重《かみひとえ》の、そしてたいへんな幸運に恵まれていました。

✿——びっくり記事のエール

さて、たいへん迂闊《うかつ》な話ですが、銀行の広報担当の私が、地元の西日本新聞に大きく掲載《けいさい》された桧原桜のスクープ記事をまったく知らなかったのですから、恥《は》ずかしいですね。

当時の私は銀行の広報の仕事をはじめ、「郷土《きょうど》史《し》シリーズ」の編集、社内報からビデオニュース監修《かんしゅう》を担当し、社外の福岡コピーライターズクラブなどの世話もしていて、寸暇《すんか》を惜《お》しむ毎日でした。さらに支店の開店が続き、私の部署《ぶしょ》にも新人を迎えたばかりで、新聞も一面や経済面、銀行関係には目を通すものの、桧原桜の記事に全然気がつかなかったのです。

私の朝一番の仕事は、前日の課員《かいん》の日誌《にっし》に目を通して、その日の指示をすることです。その日の朝も、いつものように日誌に目を通していました。すると、行内報担当《こうないほうたんとう》の、矢野絹子《やのきぬこ》さんの日誌の行末《ぎょうまつ》に、「桜がたすかってよかったですね。風邪《かぜ》お大事《だいじ》に」とあります。

やさしい風邪見舞《かぜみま》いですが、その前段《ぜんだん》に合点《がてん》がいきません。「なんじゃ、これ」と矢野さんに聞きました。彼女は、〝えっ、そらとぼけて〟という顔です。かさねて「なぜ？」と聞くと、「西日本新聞の記事をご存《ぞん》じないのですか」との返事。

「知らない。開店つづきでバタバタだった。このところ、新聞も斜《なな》め読みで」と私。

やっと仔細《しさい》を飲《の》み込んだ彼女が新聞を集めてきてくれたので、あらためて読み直して納得《なっとく》しました。

それは四日前の、三月二十三日金曜日の西日本新聞でした。都市圏《としけん》では夕刊部数《ゆうかんぶすう》が朝刊とあまり変わらなかった頃で、桜原桜の出来事《できごと》が夕刊の社会面トップに、半《はん》八段の大きな記事となっておどっていました。ちいさな桜のハプニングが、どうして新聞社に伝わったのか知る由《よし》もありませんが、ひと目見て、記事の迫力に魂消《たまげ》てしまいました。

「桜あわれ　最後の開花許し給《たま》え」の大見出しに、「短歌に託《たく》し命乞《いのちご》い」と、「通じた住民の風流《ふうりゅう》／市、並木の伐採延期《ばっさいえんき》」の副題《ふくだい》。そして、私が桜の樹《き》に結《ゆ》わえた癖《くせ》のある字の色紙が、大写《おおうつ》しで紹介されています。マジックインクで一気に書いた下手《へた》な字がクローズアップされて紙面に躍《おど》り、思わぬ波紋《はもん》に広がっているのです。

記事は、市当局《しとうきょく》と桜の所有者である桧原水利組合《ひばるすいりくみあい》が話し合って、年度内事業《ねんどないじぎょう》ではあるが伐採は桜のシーズンが終わってからにしたと、〝終《つい》の開花〟を待つことになったイキなはからいを伝えていました。

〝花あわれ〟の訴《うった》えに共感された記者が、精力的に取材《しゅざい》をされ、掲載《けいさい》に尽力《じんりょく》されたのでしょう。記事には、近くの主婦の方でしょうか、瀬戸妙子《せとたえこ》さんからのエールの歌まで添《そ》えられていました。

先がけて花のいのちを乞《こ》う君の
われもあとにと続きなん

さらに、同紙日曜日（三月二十五日）のコラム「春秋《しゅんじゅう》」にも「咲《さ》いた桜になぜ駒《こま》つなぐ駒が勇《いさ》めば花が散る」の俗謡《ぞくよう》をイントロに、「詠《よ》み人知らずが歌に託《たく》して『花も間近《まぢか》の桜を伐《き》るとは無粋《ぶすい》なことですね』と、やんわりと行政《ぎょうせい》に物申《ものもう》した」とあって、こそばゆくなってしまいました。

でも、どうにも腑《ふ》に落ちません。私は誰にも桜のことを話した覚《おぼ》えはないし、記事では詠《よ》み人知らずとあります。

ひと息おいて、「これが、なぜ私？」ときくと、彼女が「だって」と笑いだしました。私の怪訝《けげん》な顔がよほど可笑《おか》しかったのでしょう。記事が職場の女性たちの話題になって、それを見たビデオ室の梶野祐子《かじのゆうこ》さんが「この字は課長《かちょう》よ。このクセ、間違《まちが》いなし。家も桧原《ひばる》だし」と断定《だんてい》したのだそうです。毎週全支店に届《とど》けているビデオ新聞も私の管掌《かんしょう》で、二人の女性が担当していました。彼女たちは、クセのある私の指示書や原稿《げんこう》の判読《はんどく》に苦労していたのです。やれやれ、まことにご明察《めいさつ》で参《まい》りました。

翌日《よくじつ》の日誌には、梶野さんが「桜、よろしかったですね」と記していました。気持ちのやさしいお嬢《じょう》たちです。あとで知ったのですが、桜騒動《さくらそうどう》の〝色紙の犯人〟はどうも私らしいと、知人の間でかなり噂《うわさ》されていたのでした。折々《おりおり》にまめに手紙を書く

桧原桜と助命嘆願の色紙（写真提供・西日本新聞社）

ほうですし、年賀状も下手な手書きで、毎年八、九百枚ぐらい出していますから、新聞に載《の》った大写しの色紙の〝犯人〟が桧原在住と知って、ハハーンと感づかれたのでしょう。それほど私の字が癖《くせ》のある悪筆《あくひつ》だったのです。

若い友人である電通《でんつう》の雪吉清治《ゆきよしきよはる》さんも、新聞を見てすぐに、私の仕業《しわざ》と見破《みやぶ》って仲間の古川静男《ふるかわしずお》さんたちと、朝のコーヒーの話題にしていたそうです。でも嬉《うれ》しいことに、マスコミのすぐとなりで仕事をしている人たちなのに、新聞やテレビに連絡したりするおせっかいな人はいませんでした。先日、「知っていたら、特《とく》ダネだったのに」と、新聞社のエライさんに冗談《じょうだん》を言われましたが、みんながそっと知らぬ顔でいてくれたのです。

その夜、行きつけの酒場「喜《き》むら」へ寄りました。新聞記事で、桜並木に〝終《つい》の開花〟が許されたことを知って、嬉《うれ》しくて、自祝《じしゅく》の杯《はい》をあげたかったのです。銀行の二人の同僚《どうりょう》が先客《せんきゃく》でしたが、彼らも桜の記事を読んでいて、女将《おかみ》さんと一緒に乾杯《かんぱい》をしてくれました。

「生涯《しょうがい》にまたとない〝うま酒〟と、つい言った。気持ちのありのままに、言わないではおられなかったが、まあよかろう」とこの日の日記に記《しる》しています。

花を惜《お》しむ歌が次々に

この話が、新聞やテレビの恰好《かっこう》な話題にとりあげられてから、桧原桜をめぐって目くるめくドラマが展開しました。多くの人たちが、花を惜《お》しむ歌の色紙《しきし》や短冊《たんざく》を、次々に桜に寄《よ》せられたのです。雅名《がめい》が記されているのは、歌に嗜《たしな》みのある方でしょう。でもほとんどが〝詠《よ》み人知らず〟でした。

私は出勤の行き帰りに桜に寄せられた歌や句を眺《なが》めながら、この嬉《うれ》しい展開に年甲《としが》斐《い》もなく胸がどきどきと昂《たか》ぶっていました。桜の樹《き》に吊《つ》るされた数十枚の短冊や色紙が春風にほのかに揺《ゆ》れるさまは、さながら、平安時代の大宮人《おおみやびと》の観桜《かんおう》の宴《うたげ》に連《つら》なり、桜の下を逍遥《しょうよう》しているような気分がして、言うに言われぬ風情《ふぜい》でした。

今年のみのさくらいとしみ朝ごとに
つぼみふくらむ池の辺《へ》に佇《た》つ

春は花夏は葉桜《はざくら》幾年《いくとせ》を
なぐさめられし並木道かな

年どしに賞《め》でし大樹《たいじゅ》のこのさくら
今年かぎりの花をはぐくむ

開発の大路《おおじ》ゆく日も池の面《も》に
花ふぶきたる今日を語らむ

千の人万の人らにおしまるる
さくらや今年をついのさかりと

雨風よしばしまたれよ終《つい》の花
別れおしまんすみきえるまで

赤牟田《あかむた》の池に映《うつ》してみる桜花《はな》も
今年限りと思えばさびし

赤牟田《あかむた》の池翔《いけかけ》りきし小鳥らも
別れゆく花のこずえをゆらす

ふくらみに日毎《ひごと》ましゆく伐《き》らるべき
残《のこん》の花の蕾《つぼみ》幾千《いくせん》

伐《き》らるべき桜のいのちたもたれて
万朶《ばんだ》の花のひらかむとする

D51《でごいち》も桜も消しつ文化の灯《ひ》
美しいさくらむなしい

（＊赤牟田池は、蓮根池の旧名）

いや果《は》てての花のいのちのひらかんと
蕾《つぼみ》の紅《べに》の朝あさを濃《こ》し

咲きつくし吹雪《ふぶ》くや我《われ》に池《いけ》の面《も》に

私への嬉しい歌もありました。小さな思いつきが、こんなに喜ばれているのです。まことに果報《かほう》きわまる思いで、胸が熱くなりました。

歌にたくし花の命を乞《こ》う人の
情け拡《ひろ》ごる春はかなしも

終《つい》の開花願いし君よともどもに
名残《なご》り惜《お》しまむ名のらせたまえ

この道筋は西花畑《にしはなはた》小学校の通学路だからでしょうか。

眼底《まなぞこ》にさくらをやどすランドセル

花あわれのコーラスが恰好《かっこう》の話題になったからでしょう。桧原桜のまわりは花と歌に魅《ひ》かれて人影《ひとかげ》が絶《た》えません。

私も初めは桜に寄せられた歌を丹念《たんねん》にメモしていましたが、ハプニングの口火《くちび》を切《き》ったただけになんだか照《て》れくさく、人目《ひとめ》が気になって止《や》めていました。

控《ひか》え損《そこ》ないがなかったかと気になりますし、次々に寄せられた歌や句を、全部書き留《と》めていなかったことが、いまはとても悔《く》やまれます。

✿――筑前《ちくぜん》の花守りの返歌《へんか》

そのなかにひっそりと、詠《よ》み人香瑞麻《びとかずま》の一首《いっしゅ》があったのです。

桜花惜《はなお》しむ大和心《やまとごころ》のうるわしや
とわに匂《にお》わん花の心は　香瑞麻《かずま》

私の願いにこたえられての、筑前《ちくぜん》（福岡県の北西部）の花守り、進藤一馬《しんとうかずま》福岡市長の返歌でした。

進藤さんも、私が桜の命乞いを「歌《うた》」に託《た》くしたと思っておられる。そしてこのように丁重《ていちょう》なお返しをいただいたのです。でもたくさんの短冊《たんざく》や色紙ですから、その中に筑前の花守りの返歌があったとは気がつきませんでした。まして雅名《がめい》・香瑞麻《かずま》とあることも。それが進藤さんだと知ったのはマスコミの話題になってからで、しばらく後のことでした。それに何やら気恥《きは》ずかしく、人目が気になって、桜の前をいつも足早《あしばや》に通っていましたから、朝夕に、その前を通りながら、まことに申し訳のない迂《う》闊《かつ》さでした。

進藤さんは、情理《じょうり》を兼《か》ねそなえた巨《おお》きな方で、市民や部下の声によく耳をかたむけられていたそうです。気持ちの広い、親しみやすい市長さんだと承知《しょうち》していましたが、この返歌には胸を搏《う》たれました。

このときの消息《しょうそく》は、これまでの話とすこしダブりますが、進藤さんが市長を引退して、西日本新聞の聞《き》き書《が》きシリーズ(聞き手・江頭光《えがしらこう》氏)に連載《れんさい》された『雲峰閑話《うんぽうかんわ》』の一節《いっせつ》「筑前《ちくぜん》の花守り」に、簡潔《かんけつ》に記されています。

> 昭和五十九年三月、いつものように朝六時半ごろ起床《きしょう》し、ゆっくり新聞数紙に目を通す(略)。
>
> ふと西日本新聞の都市圏版が目に入りました。それによると、福岡市桧原《ひばる》の道沿いに桜の老樹《ろうじゅ》が九本ある。ところが、ここ一帯の道路拡張工事のため、桜の木

は開花を待たず切り倒される運命にある。
それを嘆《なげ》いた一市民が次の一首を記した色紙を枝に吊《つ》るしたというのです。

花あわれせめてはあと二旬《じゅん》
ついの開花をゆるし給え

行政が進める拡幅《かくふく》工事の公共性はよく知りつつも、せっかく蕾《つぼみ》をふくらませている桜の老樹に、せめて「ついの(最後の)開花」を許してくれと訴《うった》えています。風流心《ふうりゅうしん》とはまさにこのことです。記事によれば、色紙は「筑前の花守り」つまり、福岡市長宛《あて》になっているというのです。
登庁《とうちょう》するとすぐ担当者に、「何とか花の命を延《の》ばすことはでけんだろうか」と再検討《さいけんとう》を促《うなが》し、次の一首を枝に下げるよう依頼しました。

桜花《はな》惜《お》しむ大和心《やまとごころ》のうるわしや
とわに匂《にお》わん花の心は

たとえ市長である私がどう思っても、個人としての私情ではどうにもならないことが行政には多々ある。だから桜の木は切り倒されるかもしれない。だが、あなたの花を愛する心情は確かに受け止めたという気持ちを託《たく》しました。

幸い、担当部門で検討の結果、九本のうち八本は歩道の中に組み入れることで残され、新しく並木用に桜の若木二本も植えられることになった。（以下略）

とあります。色紙や短冊を寄せられた多くの人たちと筑前の花守りとの、〝花あわれのコーラス〟がひびきあって聞こえてくるようです。

こうして、花の命乞いが進藤市長に届《とど》いて、〝終《つい》の開花〟が許されたのです。桜には、瀬戸《せと》妙子《たえこ》さんの一首が寄せられていました。

花惜《お》しむ一首に命《いのち》 永《なが》らえて
桧原《ひばる》 桜《ざくら》に風吹き渡《わた》る

桜花のサムライ

筑前《ちくぜん》の花守りを頭にいただく福岡市土木局の道路関係の人たちも、気持ちの爽《さわ》やかなサムライたちでした。新聞で、終《つい》の開花が許されたと知りましたが、年度末の工事を順延《じゅんえん》するのです。役所のルールを考えれば、きっと煩《わずら》わしく大変《たいへん》なことだったでしょう。ここまで運ばれた道路関係の人たちのご配意《はいい》が、ありがたくてなりませんでした。

そこで近くのデパートでビール券を買って、桧原桜からとして送りました。公務員の人たちに失礼かも知れない。でも、お礼の気持ちを表さないではおられなかったのです。

「感謝《かんしゃ》のしるしです。ささやかですが、皆様の花見に近くでお役立て下さい」。そして、「これぐらいでは、違反《いはん》にならないでしょうから」と蛇足《だそく》を付《ふ》して、なにやらさっぱりした気持ちでした。

ところが、それから数日たって、いい気分で池畔《ちはん》の夜桜《よざくら》を眺《なが》めていると、南の端《はた》の桜の木に新しい短冊《たんざく》が結《ゆ》わえられています。

　池畔《ちはん》でともに語らん花心　土木《どぼく》局《きょく》街路課《がいろか》、四月六日夜六時

市役所の人たちから、「ここで花見をしましたよ」と、思いもかけないメッセージでした。

もう、びっくりしてしまいました。それにしても、しゃれた嬉《うれ》しいことを。誰《だれ》かは知らない心の優《やさ》しい市役所の人たちが、この南郊《なんこう》まで車を飛ばして、花見に来てくれているのでした。

そしてすぐそばに

　　花もよし人もまたよし桧原道《ひばるみち》
　　今宵《こよい》はビールとみに味《あじ》よし

の短冊もかかっています。当時の写真が出てきたのですが、フラッシュがセットされていない昔のカメラですから、暮景《ぼけい》か早朝のスナップのようで、ぼやけていて、末尾《まつび》の雅号《がごう》が読み取れません。これもたぶん、市役所の人たちのメッセージなのでしょう。

すぐ横に、これは私のマジックペンの下手《へた》な字で

花守殿
あまたあまた恩《おん》ちょううけし花の宴《えん》

の色紙が写っています。十八年前のことでよく覚えていませんが、市役所の花守りたちの気持ちが嬉しくて、お礼の色紙をかけないではおられなかったのでしょう。

桜のハプニングから十二年たった、六年前の春、市役所で初めて会った南部街路課《がいろか》長《ちょう》の眞子國紀《まこくにのり》さん(現・福岡市土木局筥崎《はこざき》連続立体開発事務所計画課長)からうかがった当時の〝情景《じょうけい》〟が傑作《けっさく》でした。

あの日は、石井聖治《しょうじ》さん(現・福岡地区水道企業団企業長)の大号令《だいごうれい》で、部の全員が

返歌《へんか》や返句《へんく》をひねったのです。そのうちのサマになるのを、選《えら》ばれた花見チームが桧《ひ》原《ばる》へ持参《じさん》して現場の桜に吊《つ》るし、盛大《せいだい》な花見をしたのです、との回想《かいそう》でした。可笑《おか》しくて、可笑《おか》しくて、大笑いして聞きましたが、福岡の道造りのサムライたちは、桜花を背《せな》に、なんと豪放《ごうほう》で、そして繊細《せんさい》な優《やさ》しい男たちかと、あらためての果報《かほう》に胸を搏《う》たれました。

——桜話もう飽《あ》いたよ

桜に吊《つ》るされた色紙を息子の悪筆《あくひつ》と見破《みやぶ》った小門《おかど》たか子は、家内《かない》の母親で今年九十六歳の老媼《ろうおう》です。私の家が気にいって、八十歳過ぎまで十六年間一緒に過ごしていました。

戦前に、中国の天津《てんしん》生活が長かったためか、気持ちの大きな人で、今風《いまふう》に言えば〝肝《きも》っ玉《たま》ばあさん〟でした。七十代のなかばから思い立って、ラジオの英語初級会話に挑《いど》みました。一日二回、朝夕《あさゆう》に熱心に聞いていましたが、何年たってもテキストは

初級コースの繰《く》り返しです。新年度ごとに、テキストの購入《こうにゅう》を頼《たの》まれる私が、そろそろ中級だよと何度も奨《すす》めましたが、

「いんや、初級でいい」と、頑《がん》として聞き入れませんでした。

そのお袋《ふくろ》が、ある日テレビニュースを見ていて、

「兄《にい》ちゃん、あの人の発音はおかしいよ」

と言うのです。アナウンサーが引用《いんよう》した英語の発音がおかしいのだそうです。三年も四年も初級テキストを繰り返しているお袋の思わぬ英語の実力に、私たちは大笑いしました。八十ばあさんのソフトな健在証明《けんざいしょうめい》が嬉《うれ》しくて、思い出しては笑い、しばらくは親戚中《しんせきじゅう》でひとつ噺《ばなし》となっていました。

ずいぶん前から小さな帳面《ちょうめん》に鉛筆《えんぴつ》でちょこちょこと何かを書いていましたが、どうも歌をひねっていたようです。

今は家を継《つ》いだ東京の末娘夫婦の幸養《こうよう》を受けながらすごしていますが、六、七年ほど前のことでした。上京のとき寄ってみると、座机《ざづくえ》の上に見慣れた歌帖《かちょう》があります。近作《きんさく》を見せてよと言うと、二、三、口ずさんでくれました。日常の風景に心象《しんしょう》を結びつけた素直な作風で、べつに目を見張るようなものはありません。でも、書き留《と》め

ている歌のところどころに黒丸がついています。

「なんだい、これ」と聞くと、「朝日歌壇《あさひかだん》」に採用された歌なんだそうです。会心《かいしん》の作品を朝日新聞に投稿《とうこう》していたのです。

みち足《た》りたこの幸せをかみしめて
婿《むこ》につれられて秋の野を行く

会う事も別れも人のさだめかや
心残しつつ会わで去《さ》り行く

二首目は、ちょっと意味深《いみしん》だなと笑いましたが、あえて深読みすることでもないのでしょう。息子の目には平凡至極《へいぼんしごく》とみえる歌も、選歌にとりあげて、八十路《やそじ》の老媼《ろうおう》を励《はげ》ましてくださる、ありがたい大家《たいか》がおられたのです。このことを家人《かじん》は誰《だれ》も知りませんでした。

その〝歌人《かじん》〟のお袋ですが、ドライばあさんと桜のつながりは、どうしてもマンガになってしまいます。

桜のハプニングが話題になってから、花の頃でもあって、歌問答《うたもんどう》や、桜に寄せられる詠《よ》み人知らずの歌が、次々と新聞の記事になりました。私は歌好きのお袋が喜ぶだろうと、桜の記事を、せっせとスクラップして見せていました。最初のうちはふんふんと興味深《きょうみぶか》そうに見ていましたが、一週間ほどたった頃だったでしょうか。

「兄ちゃん、もう桜話《さくらばなし》は飽《あ》いた。色紙もいい加減《かげん》にせんね。せっかくのきれいな桜並木が、汚《きたな》いよ」と、のたまわったのです。

思わず「えっ」と言いましたが、たしかにその通り、大理《たいり》ありです。私も少しいい気になっていたのかも知れません。お袋に頭から冷水《れいすい》を浴《あ》びせられた。もう可笑《おか》しくて、可笑《おか》しくて、笑いだしてしまいました。わが家のドライばあさんの面目躍如《めんもくやくじょ》でした。

翌朝早めに家を出て、誰も通っていないのを確《たし》かめてから、私の書いた色紙を破って屑《くず》入《い》れに捨《す》てました。同じような考えの方が多かったのでしょう。一週間ぐらいのうちに、大方《おおかた》の色紙がはずされて、平常の桜並木にもどっていました。

少々自嘲《じちょう》の気持ちで……、

たれびとぞ花の盛《さか》りに無用《むよう》ごと

「娘は母に似《に》て」で、家内《かない》と桜のふれあいもお袋同様のドライさで苦笑《くしょう》することが多いのです。わが家から日常の買い物をする長住《ながずみ》の市場《いちば》へは、約五、六百メートル。蓮《れん》根池《こんいけ》をはさんで、東回りと西回りの二つのコースがあります。東回りは、桧原桜の下を通る道です。西回りより数分遠いのですが、左右の池に水鳥が遊んでいて眺《なが》めがよく、歩道も整備された手ごろな散歩コースなので、家内の悦子《えつこ》はふだんはこの道を通ることが多いのです。

ところが桜の季節になると、異変《いへん》が起こります。休日には私も散歩がてらに、ときどき市場の買い物につきあうのですが、私が「桜コース」の方へ足を向けても家内は聞きいれません。「どうぞ」の一言《ひとこと》を投げて、買物車を引いてさっさと反対の西回りコースへ歩き出すのです。おてんば娘のように、目が笑っています。亭主《ていしゅ》の権威失墜《けんいしっつい》もいいところで面白《おもしろ》くありませんが、こうなればもう私の負けです。コンチクショウメ。苦笑しながらテキの後塵《こうじん》を拝《はい》すより仕方がありません。

この季節の家内の口癖《くちぐせ》は、「サクラはキライ」です。花が好きな家内ですから、池《ち》畔《はん》の桜が嫌《きら》いなはずはありませんが、私の胸の中をちゃーんと見通しているのでしょう。私は別に、桧原桜を意識しているわけではありませんし、家で口にすることもありません。けれどもテキの目には、亭主が桜の下で日本一の花見気分になって、鼻をひくひくさせているような、なさけない情景《じょうけい》に見えるのかもしれません。亭主がそれでは、まことにみっともない。それで、氷水《こおりみず》の水鉄砲《みずでっぽう》を喰らわせているのでしょう。やれやれです。まことに「娘は母に似て」で、おそろしい限りです。

❀――パイプのけむり

桧原桜のいきさつはNHKの朝のローカルニュースでも放送されました。その小さな花便《はなだよ》りが、たまたま福岡県の久留米《くるめ》市に来ておられた作曲家の團伊玖磨《だんいくま》さんの目にとまったことは、桧原桜にとってなによりの幸運でした。

團さんは数々のすぐれたオーケストラや歌劇《かげき》「夕鶴《ゆうづる》」、童謡《どうよう》「ぞうさん」などの作曲家で、随筆《ずいひつ》『パイプのけむり』の筆者《ひっしゃ》としても知られています。このシリーズは昭和三十九年から平成十二年の終刊まで、『アサヒグラフ』に三十六年間、千八百四十二回にわたって連載《れんさい》された名随筆です。

世間《せけん》と日常の奥をリアルにスケッチしながら、モンテーニュのように「自分は自分で居《い》る。考える。生きる」を姿勢《しせい》とした清《すが》やかなペンが、多くのパイプファンを魅《み》了《りょう》していました。その『パイプのけむり』(昭和五十九年四月二十七日号)に桧原桜を取りあげられたのです。

その頃、私は中国への船旅に出かけていました。「新さくら丸」と桜に縁のある客船でしたが、千二、三百年前に玄界灘《げんかいなだ》の荒波をこえて、博多《はかた》から盛唐《せいとう》へ向かった遣唐《けんとう》使《し》の航海を思いながら、初めて漢詩をものしたりして、深い感慨《かんがい》にひたっていました。

そして昂《たか》ぶりの旅から帰ってみると、机の上に、『アサヒグラフ』が置いてあります。栞《しおり》が挟《はさ》んであるページを開くと、「パイプのけむり」(一〇二九回)で、タイトルに「ついの開花」とあります。大阪医大のインターンをしていた甥《おい》っこが見つけて送ってくれた、思いもかけない「お帰りなさい」のプレゼントでした。

桧原桜のことは、旅の間にすっかり忘れていましたが、なんと果報《かほう》なことかと目《め》頭《がしら》が潤《うる》んでくるのでした。

イントロに、

「顔を洗ってから何と無《な》い時間を、煙草《たばこ》に火を点《つ》けながらTVのニュースを見ていた。ニュースは何時《いつ》の間にか九州のローカルのものに代《か》わって、未《ま》だやって来ない桜の便りを伝えている。そのうちに僕《ぼく》はだんだんに、そのニュースに引きこまれていった」

とあって、

「〝ついの開花〟を願った誰か判《わか》らぬ心の優《やさ》しい人は、ヘルメットを被《かぶ》って伐採反対《ばっさいはんたい》運動を組織する愚《ぐ》も、座《すわ》り込《こ》みもしなかった。

そして、只《ただ》一首の歌を桜の枝に吊《つ》ったのだった。工事の担当者は、その短冊を千切《ちぎ》らずに市長に伝えて呉《く》れた。そこが嬉《うれ》しいところである。

そして、市長が又《また》歌を以《も》って、桜花《はな》を惜《お》しむ人に答え、〝ついの開花〟を実現させたのである。

桜を切るなと只叫《ただざけ》ばずに、ついの開花を許したまえと詠《よ》んだところに、真の優《やさ》しさがあり、叡智《えいち》が光っていると僕は思う」と。

ただただありがたく、顔が赤くなるばかりです。私のとった行動は一時の衝動《しょうどう》で、まったくのハプニングだったのですから。

團《だん》さんのエッセーは、その後話題となって、『リーダーズ・ダイジェスト』の日本版(一九八五年四月号)に、さらに海外版に転載《てんさい》されました。

一九二二年に創刊された『リーダーズ・ダイジェスト』は、世界のホットな情報や話題をダイジェストして、最盛期《さいせいき》には十六言語で四十種、月間約千六百万部を発行していた世界のビッグマガジンでした。日本語版は、惜《お》しくも一九八六年に廃刊《はいかん》になりました。

その前年、一九八五年の同誌で、日本の片すみの小さな桜のハプニングが世界に紹介されたのです。何か国語版に転載されたのかはわかりませんが、電通《でんつう》マンだった友人の馬場俊夫さんが珍《めずら》しいからと、ヒンズー語版のリーダイを届けてくれました。まったく目を見張る思いでした。ドイツ語やフランス語なら、読めなくても第一人称《にんしょう》ぐらいはわかります。でもヒンズー語となるとちんぷんかんぷんです。記号だらけのような、一文字も読めない誌面に面食《めんく》らいましたが、日本版と同じイラストが載っているので、ヒンズー語版「パイプのけむり」に間違《まちが》いありません。馬場さんがインドのリーダイ社の社長さんに手紙を出して、わざわざ取り寄せてくれたのです。

記事の採用は、各国語版の自主選択《じしゅせんたく》に任されていたそうですから、ひと味違《ちが》ったイ

सड़क चौड़ी करने के लिए
किनारे खड़े चेरी के पेड़ों को
काटना ज़रूरी था. एक दुःखी
आत्मा ने अपने मनोभावों को
काग़ज़ पर शब्दबद्ध किया
और टांग दिया उन्हीं में से
एक पेड़ की डाल पर

कविता को कहने दो

इकुमा डान

जापान में कीऊशू का एक बहुत बड़ा शहर है फुकुवोका. इस नगर के दक्षिणी भाग में एक जलाशय से लगती चार मीटर चौड़ी संकरी सड़क थी जहां यातायात रेंगता हुआ मालूम पड़ता था. सो उस सड़क को १२ मीटर चौड़ी करने का फ़ैसला किया गया जिस का मतलब था जलाशय के किनारे खड़े चेरी वृक्षों की कतार को साफ़ कर देना. और चेरी जापान का प्रतीक पुष्प है.

एक चेरी वृक्ष एक कामगार के आरे से धराशायी भी हो चुका था. अपने साथियों की तरह यह पेड़ भी काफ़ी बड़ा था और उम्र यही कोई ५० साल से भी ज़्यादा होगी. उस पर कलियां आ गई थीं. अभी उन के खिलने में थोड़ी देरी थी.

अगले दिन सुबह सुबह ताड़ पत्र या कमलपत्र जैसे एक काग़ज़ पर लिखी एक कविता उस से अगले वृक्ष की एक डाल पर लटकी पाई गई. पुराने ज़माने के कवि चेरी के मुकुलों से प्रभावित हो कर ऐसे ही ताड़ पत्र आदि पर शब्दों की तूलिका फेरा करते थे. उस पर फुकुवोका नगर के मेयर के नाम एक कविता लिखी थी:

चेरी वृक्षों के रक्षक, हे मेयर शिंदो श्रीमंत
कृपा करो कच्ची कलियों पर
करो न इन का असमय अंत
खिलने दो, खिलने दो, खिलने दो इन को
एक भोग लें और वसंत.

चारों ओर कविता की ख़बर फैल गई और कुछ ही समय बाद उस का जवाब एक वृक्ष की डाली पर फड़फड़ा रहा था. वह काग़ज़ आरंभिक बहार की बेहद ठंडी हवा में लहरा

ヒンズー語版「パイプのけむり」

ンド版があるかもしれない、とひらめいたのでしょう。お礼にお国の子供さんへと、キャップにラジオをセットしたシャープペンシルを贈りました。

進藤市長にも一冊郵送しましたから、市役所かお宅にたぶん保存されていることでしょう。私にとっては嬉《うれ》しい珍品《ちんぴん》で、よくこんなものを見つけてもらってと、友情の思い出とともに宝物として大切にしています。

桧原桜の歌問答が、ちょうど花時《はなどき》にふさわしい話題だったのでしょう。〝花あわれ〟と〝桜花惜《はなお》しむ〟の歌問答が、新聞やテレビに取りあげられて、気恥《きは》ずかしい日々が続きました。歌問答と言いましたが、花の助命を願った〝花あわれ〟の悪筆《あくひつ》が、いつの間にか歌とされていたのは、こそばゆいことでした。マジックペンを色紙に走らせましたが、気持ちのままを述《の》べただけで、〝短歌に託《たく》し〟たつもりはありません。

以来、紹介されるたびに「歌」とされて苦笑《くしょう》しています。でも友人の奥さんが、「気持ちのままの言葉は、そのままに歌ですよ」となぐさめてくれました。もしかすると歌らしいものになっていたのかもしれません。この頃は自分でも、歌でもいいなと思ったりしていますから、いい気なものです。

❀——人のこころの花ふぶき

西日本新聞の記事になった桧原桜の話に、たいへん関心を持たれた中学校の先生がいました。現実感のある新しい社会ニュースを、生徒たちの教育に生かそうと考えておられた福岡市東住吉《ひがしすみよし》中学校の鳥居千鶴子《とりいちずこ》先生でした。

先生は桧原の現場に足をはこび、写真を撮《と》られて、桜のハプニングを福岡県の中学三年生向けの副読本《ふくどくほん》『自分をのばす』（暁《あかつき》教育図書出版）に、「桧原桜《ひばるざくら》／幾年《いくとせ》に人の心の花ふぶき」として載《の》せられたのです。NIE運動（ニュースペーパー・イン・エデュケーション〈教育現場に新聞を〉）という教育のシステムがあるそうで、西日本新聞に大きく紹介されました。

「教科書や資料の話は、どんなにいいものでも、どこか遠い世界のことのように感じられがち。その点、この桧原桜のように福岡や九州の話だったら、子供たちも興味の持ちかたが違うんです。私は身近な話題を集めるのに新聞をつかっています」とあります。

先生のレポートは、多くの人たちの共感を呼んだようで、道徳副読本に連年掲載《れんねんけいさい》されていました。

＊小学校、中学校の道徳教育は正課ですが、教科書の制定がないため副読本が利用されています。

永遠《とわ》の開花へ——さくらのポケットパーク

こうして終《つい》の開花を得た桧原桜でしたが、花が咲いて花吹雪《はなふぶき》が舞《ま》い、葉桜《はざくら》の季節になっても、桜は伐《き》られません。〝花あわれ〟の詠《よ》み人知らずの大合唱や團伊玖磨《だんいくま》さんのエールが、花守り市長を動かして、道路関係の人たちの共感を呼んだのでしょう。

ついには道路計画が花を活《い》かす道に変更されて、桜の生命《いのち》が助かることになったのです。

一本の古木《こぼく》は伐られましたが、すぐに二本の若桜が植樹《しょくじゅ》され、並木《なみき》の下の道沿いには躑躅《つつじ》や寒椿《かんつばき》が植えられて、しゃれた桜のポケットパークに変わりました。「終《つい》の開花」から「永遠《とわ》の開花」へ。筑前花守りは、花も、実もある武士《もののふ》でした。花が散って薫風《くんぷう》の頃、朝日新聞の「今日の問題」に、桧原桜がとりあげられました。「筑前風流《ちくぜんふうりゅう》ばなし」のタイトルで結びに桜の枝に寄《よ》せられた瀬戸妙子さんの歌が紹介されていました。

葉桜《はざくら》のそよぐ梢《こずえ》の風涼《すず》し
花守り市長の情《なさけ》通じて

記事には、助かった桜は、六本とありましたが、本当は八本です。しかし、「福岡は味な町になった」と結んであって、桜にあたたかい眼をそそがれているコラム氏のやさしさが伝わってきます。

その後、「福岡さくらの会」の手で吉野桜が植え足《た》され、いまは二本の青年桜と三本の子供桜を、樹齢《じゅれい》七十年の八本の桜が見守るようにやさしく囲んでいます。

平凡ですが、私は勝手に、若木《わかぎ》を太郎と花子、子供桜を次郎と三郎と四郎。そしていちばん花姿《かし》の華《はな》やかな斜面《しゃめん》の桜を由布子《ゆうこ》と瞳《よあけ》と呼んでいます。由布子は五木寛之《いつきひろゆき》さんの小説の題からいい感じなので、瞳《よあけ》は華道《かどう》の雅《みや》びからあけそめるの感じがよいので拝借《はいしゃく》。あとのネーミングはなかなか浮《う》かびませんが、いずれそのうちにです。

花守り記者は「年《ねん》」さん

花あわれの黙契《もっけい》に結ばれて桧原桜の命を救った花守りたちには、お互《たが》いに知らない同士《どうし》のままの月日が流れていました。

筑前の花守り、進藤市長の次に名前がわかったのは、〝終《つい》の開花〟を願った小さな火を、大きな松明《たいまつ》に点《てん》じられた西日本新聞の記者、松永年生《まつながとしお》さんでした。

発見の端緒《たんちょ》は、桧原桜の命乞《いのちご》いから二年たった昭和六十一年の初夏《しょか》の頃、何気《なにげ》なくながめていた同紙の都市圏面の記事に目が引きつけられたことからでした。岩田屋デパート会長の中牟田喜一郎《なかむたきいちろう》さんほか、進藤一馬《しんとうかずま》さんを敬愛《けいあい》する人たちによって、福岡市中央区の菅原《すがわら》神社に、進藤さんの歌碑《かひ》が建《た》てられたニュースでした。

中牟田さんらに桧原桜の〝桜花惜《はなお》しむ〟の歌をすすめられた進藤さんは、あれは返《へん》歌《か》だからと固辞《こじ》される。だが、たっての願いにそれではと、

世を思い燃えつくさんと我がいのち
たぎりし若き日夢の如《ごと》くも

の歌を選ばれています。

歌碑《かひ》の披露《ひろう》のとき、深読《ふかよ》みしないようにと周囲を笑わされたそうですが、生涯《しょうがい》を振《ふ》り返っての感慨《かんがい》にふさわしい歌だったようです。

その記事に二年前の桧原桜の歌問答が引用されていましたが、「花あわれせめて、、、あと二旬《じゅん》ついの開花をゆるしたまえ」の「せめては」が「せめて」になっていたのです。

それで「由無《よしな》しごとながら」と桧原桜名で新聞社へ葉書をさしあげると、記者のコラムの「花時計」欄《らん》に、さっそく返事が載《の》せられました。

「歌を詠《よ》む人は、一字でも大切にされる。ごもっとも」と、丁重《ていちょう》な記事で、歌を詠

んだ覚《おぼ》えのない私はかえって恐縮《きょうしゅく》してしまいました。

末尾《まつび》に「年《ねん》」とあります。それで桧原桜を救うきっかけとなったスクープが、「年」記者のペンだと知ったのです。

数年たって、桧原桜をテーマに同欄《どうらん》に「年」記者の第二信がのり、「住民の素直《すなお》な願いと、行政当局の柔軟《じゅうなん》な対応が結びつくと、こんな素晴らしい町づくりができるのです」とあります。

新聞社の知人に聞いて、記者の「年」さんが、宮崎総局長《そうきょくちょう》の松永年生《としお》さんであることがわかりました。

花かげの私は、躊躇《ちゅうちょ》しましたが、どうしてもこの「年」さんにお礼を言いたくなりました。

それで、思いきって当方〝無名《むめい》〟の失礼を勘弁《かんべん》願って、宮崎総局へお礼の電話をかけました。松永さんはびっくりされたようでしたが、それより驚《おどろ》いたのは私でした。「年」さんは色紙の主《ぬし》をてっきり女性と思っておられたらしい。だから取材《しゅざい》のときに、周辺に歌をたしなむ女性はいないかと、熱心に捜《さが》されたのだそうです。色紙に歌らしいものを書いたので錯覚《さっかく》されたのでしょうが、それにしても水茎《みずぐき》の跡《あと》にはほど遠い、あのごつごつのマジックペンの文字を女性と思われていたとは……。

ベテラン記者の見当違《けんとうちが》いでは見つかるはずがない。さぞかし荒《あら》ぶる女と思われていただろうなと、可笑《おか》しくてなりませんでした。

このとき、進藤さんの歌碑《かひ》の建《た》てられた場所が、梅《うめ》の花を愛された菅原道真公《すがわらのみちざね》を祀《まつ》ったお宮だったので、桜を詠《よ》まれた〝桜花惜《はなお》しむ〟の歌を遠慮《えんりょ》されたのかもしれません。だが、私には進藤さんが〝花あわれ〟の〝詠《よ》みびと知らず〟に配意《はいい》されたのではと思われてなりません。

この碑《ひ》に並んで中牟田喜一郎《なかむたきいちろう》さんの

いにしえのゆかりの里に咲く花の
色香《いろか》は永久《とわ》に変わらざりけり

の歌碑ものちに建てられています。今度は進藤一馬さんが発起人《ほっきにん》になって建《た》てられたそうで、お二人の厚《あつ》い友情が感じられます。

結ばれた点と線

こうして、桧原桜に〝終《つい》の開花〟がかなえられましたが、初めに伐採業者《ばっさいぎょうしゃ》さんの嬉《うれ》しい逡巡《しゅんじゅん》があった頃、実はもうひとつの、確かな救いの手が用意されていたのです。

あのハプニングから七、八年たってわかったのですが、ＳＯＳの色紙を発見して、最初に助命《じょめい》のアクションを起こされたのが、九州財界《ざいかい》のリーダーで、前・九州山口《きゅうしゅうやまぐち》経済連合会会長《けいざいれんごうかいかいちょう》の川合辰雄《かわいたつお》さんだったのにはびっくりしました。

当時の川合さんは、九州電力の社長に就任《しゅうにん》されたばかりの頃で、健康のために早朝《そうちょう》ジョギングをされていました。蓮根池《れんこんいけ》の畔《ほとり》の桧原桜の道がたまたまそのコースで、色紙に託《たく》した「花あわれ」のＳＯＳが、最初に〝暁《あかつき》の紳士《しんし》〟の目にとまったのは願ってもない幸運でした。

このことが、川合さんの胸に引っかかっていたのでしょう。その夜のなにかの会で、〝朝の発見〟を話題にされ、同席していた広報《こうほう》担当の大島淳司《おおしまじゅんじ》さんに、「いいことだから、なんとかならないか」と話されたのだそうです。

敬愛《けいあい》する川合さんの懇切《こんせつ》な依頼ですから、大島さんは翌朝《よくちょう》、桧原《ひばる》に車をとばして、〝花《はな》あわれの切迫感《せっぱくかん》〟を共有されたのです。

そこで、なじみの記者たちに話されたのですが、これはやはり社会部ダネだなと、東京支社時代から丁々発止《ちょうちょうはっし》の仲だった、西日本新聞社会部の松永年生《まつながとしお》記者に、川合さんの名前を伏《ふ》せて、「桧原へんに面白《おもしろ》いことがあるばい。行ってみらんね」と電話をされたのです。この電話が、桧原桜救援開始《ひばるざくらきゅうえんかいし》のスイッチでした。

「この忙《いそが》しいのに、桧原くんだりまでは行かれん」

「まあ行ってみない。それだけのことはあるよ」

といった珍妙《ちんみょう》なやりとりがあって、「まあ、それなら」と、松永記者がカメラの松《まつ》下則通《したのりみち》さんと現場へ駆《か》けつけたのです。

そして、三月二十三日（金）の西日本新聞夕刊の社会面トップに、〝桜あわれ最後の開花許し給え〟と、八段ぬきの目をひく記事が躍《おど》ったのです。

私が、桜《さくら》の樹《き》に命乞いの色紙をかけてから、十二日たっていました。こうして、〝花あわれ〟のコーラスに、大きな松明《たいまつ》の火が点《てん》じられたのです。

十三年後に開いた初めての花守り会で、松永さんから聞いた話が忘れられません。

「あのときは、大島さんに電話をもらって桧原へ飛んだ。桜を見た瞬間《しゅんかん》、私の内に、稲妻《いなずま》が走った。紙面のトップはこれだと胸が震《ふる》えた。私の記者人生で、いちばん忘れられない桜との出会いだった」とたいへんフランクな回想《かいそう》でした。

私が、川合さんと大島さんの桜の縁を知ったのはずっと後のことで、なにかのパーティのあと友人である広告協会の上野《うえの》昭八《しょうはち》さんや、博報堂《はくほうどう》の吉賀《よしが》靖高《やすたか》さんと同乗したタクシーが、桧原桜の角を回ったときに偶然《ぐうぜん》持ち出された話からでした。

それで初めて、点と線がつながって「花守り物語」のひろがりが合点《がてん》できたのです。

大島さんとはずいぶん前からの付き合いですが、さらに以前から、桧原桜との深い縁で結ばれていたとは……。花と人の縁。不思議で、そして嬉しいですね。

大島さんは、今は地元の有力会社である正興電機製作所《せいこうでんきせいさくしょ》の会長さんです。

二、黙契

✿——花と歌の進藤さん

桧原《ひばる》桜のハプニングがあった翌年《よくねん》、昭和六十年の正月に、この春は花見にどうぞと、私は「桧原桜《ひばるざくら》」の名で筑前《ちくぜん》の花守《はなも》りに年賀状をさしあげました。

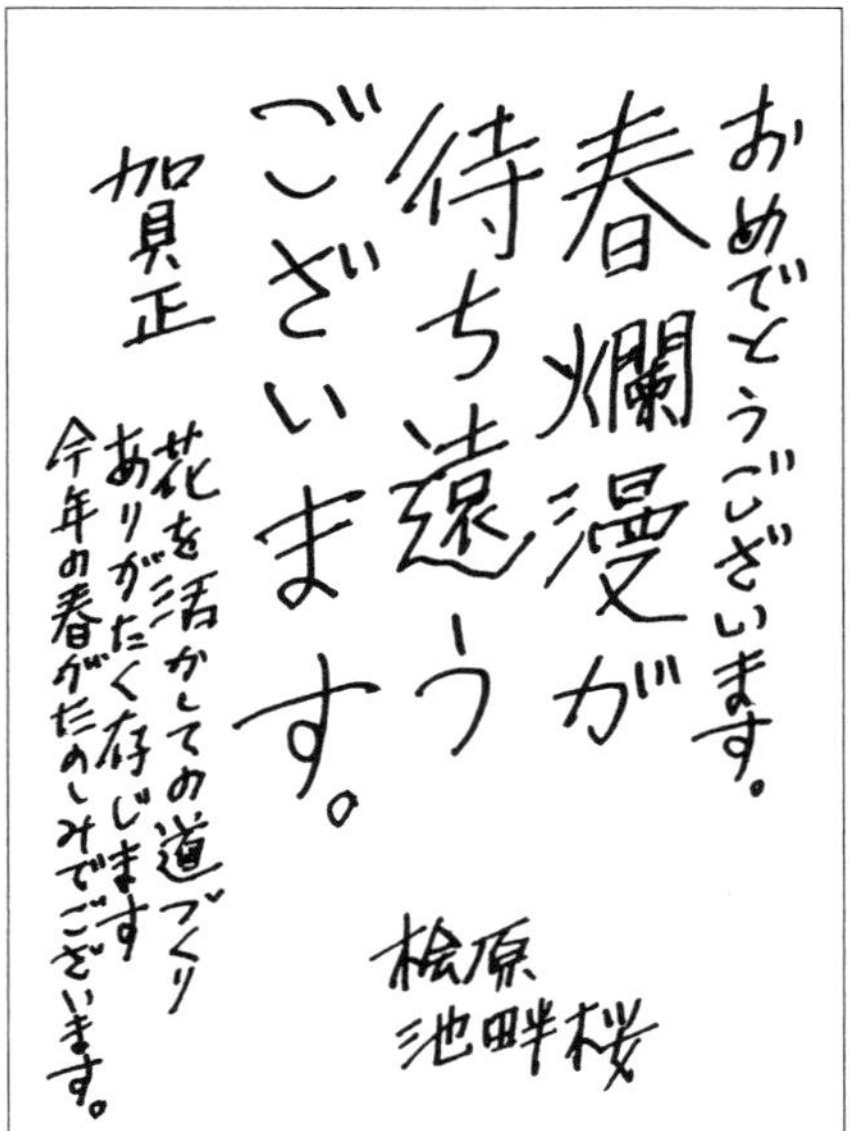
おめでとうございます。
春爛漫が
待ち遠う
ございます。
賀正

花を活かしての道づくり
ありがたく存じます
今年の春がたのしみでございます。

桧原
池畔桜

進藤市長宛の年賀状（コピー）

春になって開花の頃、

「あたたかいご配慮《はいりょ》をいただいて、桧原桜が見事《みごと》な開花《かいか》をむかえました。桜もお気持ちのありがたさに、本年は一段と華《はな》やかに咲《さ》きそろっているように思われます。いちど、花の命を愛《め》でにお立ち寄りください」と、お誘《さそ》いしました。

市長の日常はたいへんハードなスケジュールなのでしょう。しかし、そのなかを市長はわざわざ桧原花を見に来られたのです。昭和六十年四月十一日のことでした。

筑前の花守りが、桧原桜とご対面のニュースは、翌日の朝刊で大きく伝えられました。あいにくの雨でしたが、進藤さんは傘《かさ》をさしてしばらく花を愛《め》でられ、この朝詠《よ》まれた歌を披露《ひろう》されたのです。

さだめなき卯月《うづき》の空のわびしさよ
雨に散り行く桜みるかな

桧原桜の招きに歌を返された律儀《りちぎ》さは、筑前の花守りならではのことでした。花々もいちだんと華やかに救い主の進藤さんを迎えたことでしょう。

あとから推察《すいさつ》すれば、この頃、進藤さんは市長引退《いんたい》を心中に深く決《き》めておられたようで、詠《よ》まれた歌からもその心事《しんじ》が窺《うかが》われるようです。
桜原桜の歌問答をなにから知られたのか、岐阜《ぎふ》の「山津波《やまつなみ》」さんから、「桧原はもう葉桜《はざくら》になりましたか。岐阜は今梅《うめ》が満開です。桜はまだまだのようです」との便りに寄せて進藤市長に歌が届いていました。

花便《だよ》り筑前《ちくぜん》桜香風《かぜ》にのり
花びら一つ最果《さいは》てまでも

進藤さんは

待ちわびて花のたよりを問うひとの
こころにふれていまさかんとす

と、返歌をおくられています。

桧原桜を見る進藤一馬市長（写真提供・西日本新聞社）

西日本新聞のスクラップをひろうと、平成元年一月に当時の李鵬《りほう》中国首相が来日されて、進藤福岡市博物館長（当時）と握手《あくしゅ》を交《かわ》されています。

その頃、南京《なんきん》の現地紙で桧原桜のエピソードを知った郭淮《かくわい》さんから進藤さんへ長詩《ちょうし》が届《とど》いています。

各国のニュースを載《の》せている北京紙《ぺきんし》「参考消息《サンカオシャウシー》」に桧原桜の記事が引用されたようです。

郭《かく》さんは公務員を定年退職して、好きな花を詩に詠《よ》んだり写真に撮《と》ったりしておられる方。同紙の記事に共感して筆《ふで》を執《と》られたのだそうです。

中国古体詩の形式をとった「惜花歌《せきかのうた》」は、「日出《い》ずる国の春は早く、福岡の春光《しゅんこう》はさらによし」に始まる七字三十三句の長詩《ちょうし》で、「桧原桜」のいきさつのあと、「願わくは天下に有情《うじょう》の人さらに多きことを。世界の処々《しょしょ》に花《はな》の香《か》と鳥の歌声の満ちることを」と結んであると伝えています。

進藤さんが敬慕《けいぼ》されていた筑前《ちくぜん》の勤王《きんのう》の志士《しし》、平野国臣《ひらのくにおみ》は明治維新《めいじいしん》の成《な》る四年前に京《きょう》の六角《ろっかく》の獄《ごく》で処刑されますが、勤王の魁《さきがけ》として薩摩《さつま》（鹿児島県）へはいったときに詠《よ》んだ

我《わ》が胸の燃ゆる思《おもい》にくらぶれば
煙《けむり》はうすし桜島山《さくらじまやま》

がよく知られています。だが、一面、国臣《くにおみ》はこよなく桜を愛した人で、

君がよの安けかりせばかねてより
身は花守となりけんものを

という歌ものこしています。国を憂《うれ》いながらふるさと福岡を思い、こよなく桜を愛した進藤さんに通じるところがあるようです。
桜といえば、福井の橘《たちばなあけ》曙覧《み》とともに幕末《ばくまつ》の二大歌人と称されている博多の大隈言《おおくまこと》道《みち》も二千余首《よしゅ》の桜の歌をのこしています。

うたひつつひさごもわれもよこさまに
ふして花見る夕くれの庭

（＊ひさご＝瓢、酒を入れるひょうたん）

ことなくば花のもとにて暮《く》らしなん
　帰るさまには月も出ぬべし

言道《ことみち》研究家として知られている、お医者さんの桑原廉靖《くわはられんせい》さんに教えていただいた言道の桜の歌ですが、高濱虚子《たかはまきょし》の門下《もんか》として西に野見山朱鳥《のみやまあすか》ありと知られた朱鳥の句にも、

みこゝろにそひ咲くさくら
　散るさくら

があります。進藤さんも桜の歌と句を愛唱《あいしょう》されたことでしょう。

筑前の花守り

うららかな「筑前の花守り」の愛称《あいしょう》は、十八年前の春の日の、桧原桜のハプニングから生まれました。桜の花びらが春風に舞《ま》っているような自然さで、こよなく桜を愛された進藤さんならではの風情《ふぜい》と思われてなりません。

前政務次官《ぜんせいむじかん》で、百万都市の市長です。いまどき見られない国士《こくし》の気風《きふう》をお持ちの芒《ぼう》洋《よう》とした東洋大人《とうようだいじん》の風貌《ふうぼう》で、国と市民のためには身をはって悔《く》いない迫力《はくりょく》を感じさせましたが、象のような細い目に英知と柔和《にゅうわ》さが宿《やど》っていて周《まわ》りの人を魅《ひ》きつけるのでした。

そして、私には、さらに不思議な因縁《いんねん》から、花守り市長が忘れられない人になったのです。

終戦の前年に、旧福岡藩士《はんし》の系譜《けいふ》をひく政治結社《せいじけっしゃ》、玄洋社《げんようしゃ》の社長に推《お》された進藤さんは、第二次大戦の開戦に暗躍《あんやく》した疑いで、連合国側からA級戦犯《せんぱん》に指名され、広田《ひろた》弘毅《こうき》元首相とともに、巣鴨拘置所《すがもこうちしょ》に収監《しゅうかん》されました。しかし事実無根《じじつむこん》で疑念《ぎねん》が晴《は》れ、拘留《こうりゅう》二年半で釈放《しゃくほう》されています。

回顧談《かいこだん》『雲峰閑話《うんぽうかんわ》』（聞き手・江頭光《えがしらこう》氏）によれば、広田さんは拘置所で「私はこの裁判《さいばん》によって、事実が明らかにされることを望んでいる。真実さえ明らかになれば自分の処罰《しょばつ》がどうのこうのは問題ではない」と語られていたそうです。

また、進藤さんの監房《かんぼう》の前を通りながら、ドアごしに何度も低く名前をよんで、「進藤君、心配ない。きみのことはよく説明しておいた」と言われたそうです。〝黙《もく》して逝《い》かれた〟広田さんの従容《しょうよう》たる最期《さいご》を思えば、「胸をかきむしられる思い」とあります。

読売新聞の正力松太郎《しょうりきまつたろう》さんが宗教書をよく借りにきたり、また同室の笹川良一《ささかわりょういち》さん（後の日本船舶振興会会長《せんぱくしんこうかい》）から花札《はなふだ》を習われ、逆に配給《はいきゅう》たばこの「光《ひかり》」をまきあげたりと、愉快《ゆかい》な事もあったようです。

公職追放解除《こうしょくついほうかいじょ》後、自由民主党《じゆうみんしゅとう》から政界にでて、衆議院議員に四回当選。その後、久留米《くるめ》市出身で自由民主党の副総裁《ふくそうさい》だった石井光次郎《いしいみつじろう》さんのたっての勧《すす》めで、法務政《ほうむせい》務《む》次官《じかん》の役職をなげうって、昭和四十七年九月に福岡市長に就任《しゅうにん》されていました。

私が進藤さんに最初にお目にかかったのは、桧原桜の花問答《はなもんどう》の数年前、「いそのさわ会」の席でした。地元の酒蔵《しゅぞう》がとりもった味めぐりの会で、名の知られた博多の店を訪《たず》ねて酒と料理を楽しむ集《つど》いでした。

会員にはすぐれた歌人で著名なお魚博士《さかなはかせ》である九州大学名誉教授《めいよきょうじゅ》の内田恵太郎《うちだけいたろう》さんや、木工《もっこう》の匠《たくみ》のような朴訥《ぼくとつ》な彫刻家の冨永朝堂《とみながちょうどう》さんがおられて、清風《せいふう》が漂《ただよ》っていました。若輩《じゃくはい》の私は席が離れていましたが、耳を澄《す》まして、両先生の清談《せいだん》を聞きもらすまいと努《つと》めたものでした。

その会にいつのことでしたか、進藤市長が飛びこまれたのです。市民の声を聞く市政を標榜《ひょうぼう》しておられたので、こうした会にも気さくに顔を出しておられたのでしょう。

進藤さんの父親の進藤喜平太《きへいた》さんは、頭領《とうりょう》の頭山満《とうやまみつる》さんをたすけて、九州の侍《さむらい》所別当《どころべっとう》(武士の頭領《とうりょう》)と称《しょう》された気骨《きこつ》の人で、信望《しんぼう》が厚《あつ》く明治から大正末期まで三十七年にわたって政治結社玄洋社《げんようしゃ》の社長でした。

玄洋社《げんようしゃ》は当初の民権運動からしだいに国権伸長《こっけんしんちょう》を唱《とな》え、在野《ざいや》で隠然《いんぜん》たる勢力《せいりょく》を持っていました。また、中国革命《かくめい》の父となった孫文《そんぶん》や、フィリッピン独立(当時はアメリカ領)のアギナルド将軍、インド独立(当時はイギリス領)のラス・ビハリ・ボースらを支援《しえん》し、西欧《せいおう》の植民地《しょくみんち》からアジアを解放《かいほう》するために独自《どくじ》の活動を続けていました。二千年にわたる中国の帝王専制《ていおうせんせい》に終止符《しゅうしふ》を打って、辛亥革命《しんがいかくめい》に成功した孫文《そんぶん》は、革命二年後の大正二年に、前国家元首《ぜんこっかげんしゅ》として来日し、玄洋社を訪ねて支援の礼を述《の》べています。

そのとき、九歳だった進藤さんの目には、毛皮を着ていた孫文がずいぶん大きな人に見えて、強烈《きょうれつ》な印象《いんしょう》だったそうです。〝孫文先生にお目にかかった〟が終生《しゅうせい》の自慢《じまん》でした。

私は、玄洋社と黒田武士《くろだぶし》の系譜《けいふ》をひいておられる進藤さんに、常々強い関心を持っていました。それで、盃《さかずき》をいただきながら、ド心臓《しんぞう》でかねてからの思いをぶっつけました。

「私は筑前民謡《ちくぜんみんよう》の『黒田節《くろだぶし》』が好きで、豪快《ごうかい》な〝酒は飲め飲め飲むならばこれぞまことの黒田武士〟の母里太兵衛《もりたへえ》に親しんできました。だがいま黒田武士は、どこへいったのですか。

頭山《とうやま》満《みつる》や、山座円次郎《やまざえんじろう》（外交官）、金子堅太郎《けんたろう》（官僚・政治家）、栗野慎一郎《くりのしんいちろう》（外交官）、安川敬一郎（実業家・教育家）、明石元二郎《あかしもとじろう》（軍人）ら、明治日本を舞台に活躍した郷土《きょうど》の先人《せんじん》たちが、博多で話題になることがありません。

彼らと士魂《しこん》を継承《けいしょう》した広田弘毅《ひろたこうき》（元首相）、中野正剛《せいごう》（政治家）、緒方竹虎《おがたたけとら》（言論・政治家）らは日本全体を視野に、博多町民は地域の発展と伝統を大切に活動しました。それぞれにすばらしい分業《ぶんぎょう》でした。黒田武士が、福岡で忘れられていて残念です。先生はサムライの流れの総師《そうすい》でいらっしゃる。

福岡は活発な博多町人文化連盟とともに、先生をリーダーにした黒田武士文化連盟が必要です」と勝手な熱気をふっかけたのです。

進藤さんは、若輩《じゃくはい》の唐突《とうとつ》な傲《おご》りの弁《べん》にさぞ面《めん》くらわれたでしょうが、笑って聞いておられました。あの夜、清酒《せいしゅ》の会にとびこまれてお好みの焼酎《しょうちゅう》なしですまされたのでしょうか。

❀——黙契《もっけい》——とどけられた花の色紙

市長としての進藤さんに、フォーマルにお会いしたのは昭和六十年の春頃で、銀行にお迎えしたのが最初でした。

私の勤めている銀行は、二十年ほど前から『博多／北九州に強くなろう』と題した郷土《きょうど》シリーズを発行して、窓口《まどぐち》で配布《はいふ》していますが、通巻《つうかん》百号を目指《めざ》していますが、博多や北九州の歴史や伝統を、大学の先生や地方史家の方々《かたがた》にうかがって、小冊子《しょうさっし》にまとめたもので、企画《きかく》と編集《へんしゅう》を私が担当しています。

その一篇として、進藤市長に四島司《ししまつかさ》頭取《とうどり》が、「緒方竹虎《おがたたけとら》」のお話をうかがい、私も司会役で同席していました。緒方竹虎さんの親友だった中野正剛《せいごう》さんの秘書《ひしょ》をされていた進藤さんは、郷党《きょうとう》の先輩《せんぱい》をとつとつとした語り口で追懐《ついかい》されました。

緒方さんは、吉田茂さんのあとを受けた自由民主党の総裁《そうさい》で、国民の信望《しんぼう》を一身《いっしん》にあつめていました。日本の舵取《かじと》りを任《まか》せたい人物でしたから、総理目前《そうりもくぜん》の急逝《きゅうせい》が惜《お》しまれました。

第二次大戦の末期に、日本の破滅《はめつ》を救うには、中華民国《ちゅうかみんこく》(当時)との和平《わへい》以外ないと、蔣介石総統《しょうかいせきそうとう》と密接なパイプを持っていた繆斌《みょうひん》に期待を寄せて、ひそかにいわゆる繆斌和平工作をすすめていました。それが陸軍の反対で不調に終ったことが残念でならないと、進藤さんが遠くを見つめる眼差《まなざ》しで話されたのが、とても印象に残っています。

筑前の花守り進藤市長の英断《えいだん》で、「桧原桜」が終《つい》の開花を許されたのは、その前年のことでした。花かげの私は、胸いっぱいの感謝の思いで心中に手を合わせながらも、桜にふれる挨拶《あいさつ》は一言《ひとこと》もいたしませんでした。

桧原桜とのかかわりで、私が筑前の花守りと〝初のご対面〟をしたのは、昭和六十二年十一月の晩秋《ばんしゅう》の日で、大濠《おおほり》公園にある福岡市美術館長の応接室でした。進藤さんは、市長を三期で退陣《たいじん》の意向《いこう》でしたが、保守陣営の懇望《こんぼう》でさらに半期つとめられ、昭和六十年に退任して、翌年、福岡市美術館の二代館長に就任《しゅうにん》されていました。

この日、私は、銀行の用件でお訪ねして、思わぬ流れから、進藤さんとの終生《しゅうせい》忘れられない深いご縁をいただきました。桧原桜が、筑前の花守りとの嬉《うれ》しい黙契《もっけい》を紡《つむ》いでくれたのです。

用件はすぐに終わりましたが、私にはひそかな魂胆《こんたん》がありました。西日本新聞に連《れん》載《さい》された進藤さんの回想シリーズ『雲峰閑話《うんぽうかんわ》』に、「筑前の花守り」の一章があったので、まとめられた同じ題名の本にサインをお願いしたのです。

ところがどうしたことか、温顔《おんがん》ながら背筋《せすじ》を正《ただ》した端正《たんせい》な姿勢《しせい》で、「私はサインはいたしません」とおっしゃる。

そして、「なぜ、私にサインを求められるのですか」と二《に》の矢《や》が飛んできました。それで「桧原桜を助けていただいて周辺の人がとても喜んでいます。ご本にサインをいただいて、わが家の宝にと存《ぞん》じまして」と申しあげました。

すると重ねて、「私はサインはいたしません」ときっぱり。

サインぐらいされてもよかろうにと思いましたが、自著《じちょ》にサインというノリが、筑前の花守りにそぐわない景色《けしき》だったのかもしれません。でも、そのことは、すぐにすっかり忘れていました。

二、黙 契

ところが一、二か月経《た》った頃、銀行の受付《うけつけ》の女性が、お客様からの預《あず》かり物を届《とど》けてくれました。名前を見ると進藤一馬とあって驚きました。添《そ》えられた名刺《めいし》には、個人秘書《ひしょ》の見月信介《みつきしんすけ》とあります。

いただいたのは、進藤さん直筆《じきひつ》の一枚の色紙でした。

三年前の春、終《つい》の開花を願った詠《よ》みびと知らずの歌に応《こた》えられた筑前の花守りの返《へん》歌《か》として、つとに知られている歌でした。

美術館での〝サイン事件〟のとき、私は桧原住人の一人として桜のお礼は述べましたが、私が〝色紙の当人〟だとは、一言もふれていません。それなのに進藤さんがどうして私だと思われたのでしょうか。

「私はサインはいたしません」と言われた言葉のうらに、どのような思いが込められていたのでしょうか。

色紙の為書《ためが》きに〝為土居雅契《ためどいがけい》〟とありました。不肖《ふしょう》な私には、思いもよらないことですが、「雅契《がけい》」にこめられた深みと優《やさ》しさに胸がつまりました。

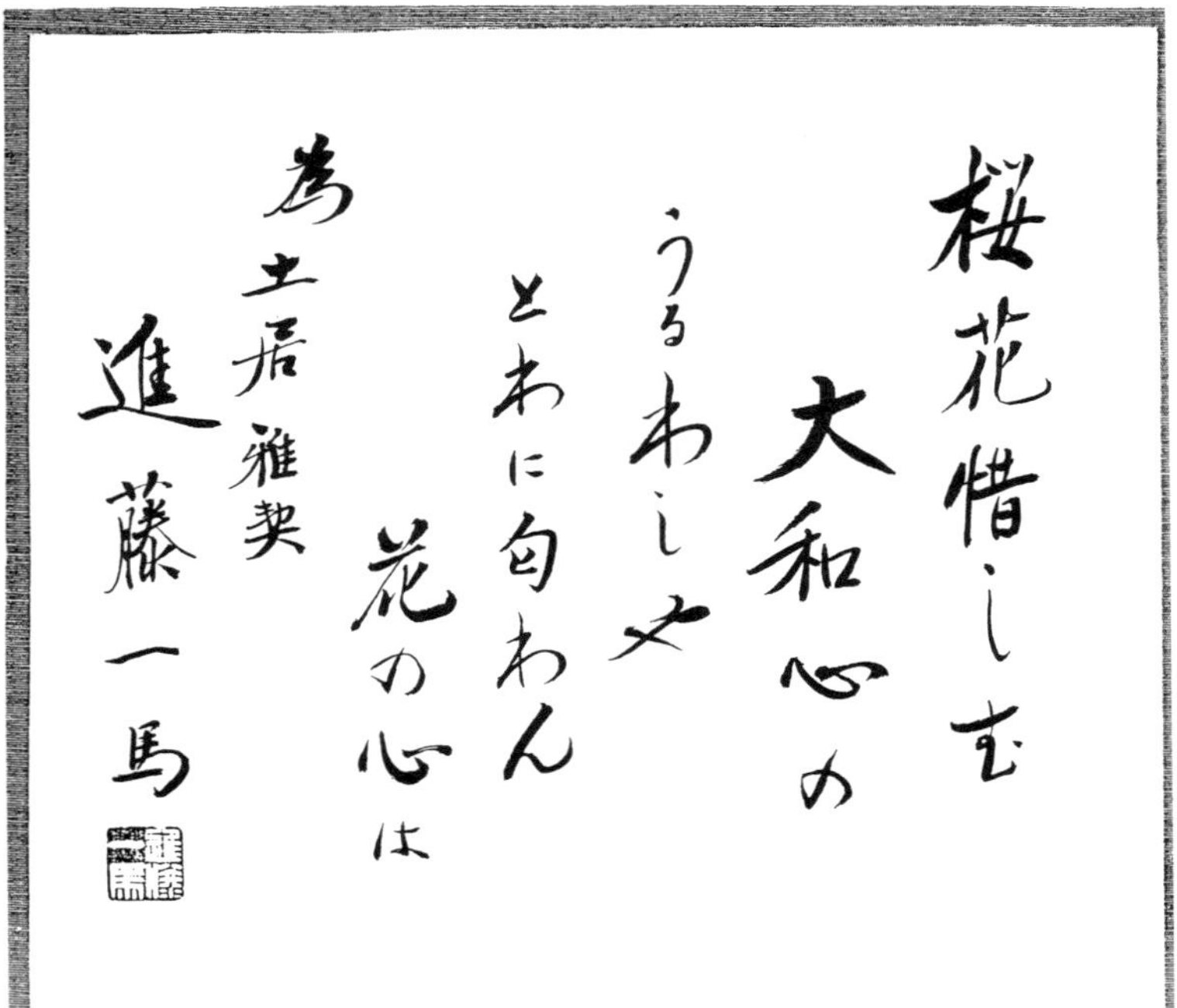
桜花惜しむ
大和心の
うるわしさ
とわに匂わん
花の心は
為 土居雅契
進藤一馬

進藤市長から贈られた色紙

それからしばらくして、『博多／北九州に強くなろう』シリーズに、「中野正剛《せいごう》」のお話をうかがいました。同じ美術館の応接室で、聞き手は四島頭取《ししまとうどり》で、司会は私です。

中野正剛さんは朝日新聞の記者を経て衆議院に八回連続当選、同憂《どうゆう》のグループを率《ひき》いて東方会《とうほうかい》を結成し、官僚統制《かんりょうとうせい》への反発から次第に反東条《とうじょう》の立場をとり、東条内《とうじょうない》閣《かく》打倒の重臣《じゅうしん》工作を画策します。だが、失敗して憲兵隊《けんぺいたい》の取調べを受け、釈放後《しゃくほうご》に信念を通して自刃《じじん》された憂国《ゆうこく》の政治家です。

最後の日まで、秘書としてつとめられただけに、中野さんの胸中《きょうちゅう》を追懐《ついかい》される進藤さんの語り口には、粛然《しゅくぜん》として襟《えり》を正《ただ》させられるものがありました。一瞬の言葉がとぎれた静寂《しじま》に、茫々《ぼうぼう》の歳月《さいげつ》を振《ふ》り返られる進藤さんの眼差《まなざ》しが潤《うる》んでいました。

進藤さんは私を見られると、笑顔《えがお》で、深くうなずかれましたが、桜についてはなにもふれられず、私も口にしませんでした。

桧原桜は、私と進藤さんの二人だけに通じる〝黙契《もっけい》〟であったかと思うのです。

✿——花々の散り敷く道を

お元気な進藤さんと会えたのはこの四回だけでした。そして、市民病院へ入院されてから、お見舞《みま》いに二度うかがいました。

最初は、『雲峰閑話《うんぽうかんわ》』の聞き手だった江頭光《えがしらこう》さんから「進藤さんは博多名物の吉塚鰻《よしづかうなぎ》が好物《こうぶつ》ばい」と聞いてかば焼《や》きを持参し、早くお元気にと申しあげました。

二度目の入院には胸が痛みました。壊疽《えそ》で片脚《かたあし》を切断《せつだん》され、ガンだとの風聞《ふうぶん》も耳にはいってきます。ご高齢《こうれい》を思うとやりきれない思いでした。

秘書の見月《みつき》さんにご都合《つごう》をうかがって、私が一目惚《ひとめぼ》れで買っていた桜のこけし人形を持って、お見舞いにうかがいました。背景に桜花を配した東北の名匠《めいしょう》の作品でした。

私がときどき発動《はつどう》する衝動《しょうどう》買《が》いを、スムーズにわが家へ持ち込むには、少々苦心の入関《にゅうかん》手続きが必要です。それで出番《でばん》まで、私のロッカーで待機《たいき》していた桜のこけしが、筑前の花守りのお見舞いに役立ったのです。デパートの包装《ほうそう》のままでは、形式《けいしき》ばってよそよそしい。それで、内包《うちづつ》みのちりめん状《じょう》の和紙《わし》に包《つつ》んだだけにして、病室へうかがいました。

あいにく見月さんが席をはずされていて、進藤さんお一人が、病床《びょうしょう》に寝《やす》んでおられました。憔悴《しょうそう》が痛々《いたいた》しくて、とても正視《せいし》できませんでした。枕もとの棚に、こけしを置いて、ひとこと「お大事《だいじ》に」と申しあげ、手を握《にぎ》らせて頂《いただ》いて失礼しました。ご回復《かいふく》はとてもと胸を刺《さ》される思いでした。

それからしばらくして、舞鶴《まいづる》公園の桜の植樹《しょくじゅ》に、手押《てお》し車《ぐるま》で立ち会われた新聞の写真を見て、「あゝ、よかった」とほっとしましたが、それも今は果敢《はか》なくなりました。でも、今際《いまは》のお見舞いに桜のこけしをお届けできて、桧原桜のお礼の気持ちを幾分《いくぶん》かは尽《つ》くせたかと、胸が休まる思いもいたします。

進藤さんが亡くなられたとき、『博多／北九州に強くなろう』シリーズに、進藤さんが私淑《ししゅく》されていた「頭山満《とうやまみつる》」をうかがっておくべきだったと悔《く》やまれました。作家の北川晃二《こうじ》さんにいいお話をうかがいましたが、なまの頭山像は、進藤さんの講演記録を併載《へいさい》して偲《しの》ばせていただきました。

思えば、進藤さんには、桜のほかにも、ずいぶん恩恵《おんけい》をいただいたのです。

筑前の花守り、進藤一馬さんが肺炎《はいえん》で亡《な》くなられたのは、平成四年十一月二十八日で、享年《きょうねん》八十八歳でした。

永年のご苦労が体をむしばんでいて、痛々しい晩年《ばんねん》でした。恩寵《おんちょう》を受けた桧原 桜《ひばるざくら》も、秋霜《しゅうそう》のなかに葉々を散らして、落莫《らくばく》たる風情《ふぜい》でした。

新聞やテレビが、進藤さんの追慕《ついぼ》特 集《とくしゅう》を組んで哀悼《あいとう》を捧《ささ》げましたが、桧原桜のエピソードをあげて、人柄《ひとがら》の一面を伝えていました。さすがにNHKは手慣《てな》れたもので、夕方には西日本新聞の福田利光《としみつ》会長と、博多町 人文化連盟理事長《はかたちょうにんぶんかれんめいりじちょう》の西島伊三雄《にしじまいさお》さんによる三十分の特集番組を組んでいました。

追悼談話《ついとうだんわ》が筑前の花守りの話におよんで、福田さんが「あの有名な桧原桜」と、アクセントをつけて話しだされたのでどきっとしました。

すると、西島さんが、なにかを言おうとされる。西島さんと私は四十年にわたるつきあいで、桧原桜《ひばるざくら》に吊《つ》るした〝色紙の犯人〟が私であることもいつの間にか知られています。

「そっとして」と思ったとたんに、西島さんが口ごもられた。この場にそぐわないと思われたのでしょう。ほっとしました。

進藤さんの密葬《みっそう》は十一月三十日午後一時から、福岡市の積善社斎場《せきぜんしゃさいじょう》で厳粛《げんしゅく》にとりおこなわれました。市民二千五百人が会葬して、情理《じょうり》をそなえて身近な市長さんだった進藤さんとの訣《わか》れを惜《お》しみました。

正面には、和顔温容《わがんおんよう》の遺影《いえい》が白菊《しらぎく》で荘厳《そうごん》にかざられていました。柔道の明道館《めいどうかん》旗一《きいち》旒《りゅう》が、弔旗《ちょうき》としてかかげられているだけのシンプルさで無私《むし》の人にふさわしい葬送《そうそう》でした。

桑原敬一《くわはらけいいち》市長が「明治が生んだ最後の大きな政治家」と讃《たた》え、中牟田喜一郎《なかむたきいちろう》緑進《りょくしん》会《かい》会長が「天命《てんめい》に安《やす》んずの生涯《しょうがい》をまっとうされた」と永年《ながねん》の知己《ちき》を追慕《ついぼ》され、謦咳《けいがい》に接《せっ》してきた妹尾憲介《せのおけんすけ》氏は少年の日からの恩沢《おんたく》を追想《ついそう》した弔辞《ちょうじ》を読まれました。

うずたかく供《そな》えられた弔電《ちょうでん》から読みあげられたのは三通で、そのシンプルさは故《こ》人《じん》の人柄《ひとがら》にふさわしい配意《はいい》でした。

荘重《そうちょう》に披露《ひろう》される弔電《ちょうでん》を聞いていて、私は耳を疑いました。宮沢喜一《きいち》総理《そうり》大臣《だいじん》と、姉妹《しまい》都市《とし》提携《ていけい》当時の広州《こうしゅう》市長で当時の中国国家主席の楊尚昆《ようしょうこん》氏の弔電に続いて、私が桧原桜に代《か》わってうった弔電が披露されたのです。

花々の散り敷《し》くみちを逝《ゆ》きたまう。筑前の花守り様の大和心《やまとごころ》を偲《しの》び
ご冥福《めいふく》をお祈り申しあげます。　桧原桜

粛然《しゅくぜん》の気につつまれて、ハンカチを目にされる婦人が多く見受けられました。

私は一瞬《いっしゅん》茫然《ぼうぜん》としましたが、花守り市長の御霊《みたま》に、桧原桜の感謝と弔意《ちょうい》を伝えられたかと思うと、胸が熱くなりました。桧原桜にかわって、私は万感《ばんかん》の思いを、一通の弔電に託していたのでした。

それにしても、二千余通の弔電の中から、よくこの一通を見つけ出されたものです。そして大臣や地元代表の方々を措《お》いて。

これは、ご遺族《いぞく》や葬儀委員《そうぎいいん》の方々の進藤さんへの親愛《しんあい》と、たいへんな勇断《ゆうだん》がなければできないことだったでしょう。

最後のお見送りのために出棺《しゅっかん》を待っていると、江頭光《えがしらこう》さんが「あれは、あんたやろ。すぐにわかった。よかった」と言ってくれたのでほっとしました。

振《ふ》り返れば、筑前の花守りと思わぬふれあいをいただいて、私の生涯《しょうがい》に、言い表しようのない貴重な恩沢《おんたく》をいただいたのです。

花々の散り敷《し》く道を、莞爾《かんじ》として去ってゆかれる花守り市長に、私は心からの感謝を捧《ささ》げて深々と拝礼《はいれい》しました。

そして、二日後の十二月二日には、手向《たむ》けの短冊《たんざく》が桧原桜《ひばるざくら》にかけられていました。

主亡《あるじな》き松本池の花吹雪《ふぶき》　幹

一市民からで、「ここをこよなく愛した進藤市長を偲《しの》び献句《けんく》」と添《そ》えてありました。

桧原桜が植わっているのは、蓮根池《れんこんいけ》の池畔《ちはん》なのですが、北側の松本池とよく混同されているのですから、気持ちのままでいいのでしょう。

この句は「桧原桜に哀悼《あいとう》の句」と西日本新聞でつたえられ、花守り市長への市民の追慕《ついぼ》の思いをさらに深めたのでした。

また、次の一首が寄せられていました。

吾もまた歌を結びて帰りなん進藤うしの遺徳《いとく》桜木《さくらぎ》

(＊うし＝大人)

三、風、花、ひと……

✿——ふれあい、いろいろ

桧原桜《ひばるざくら》のハプニングは一枚の色紙《しきし》からでしたが、短冊《たんざく》にも愉快《ゆかい》な思い出の一枚があります。

七、八年前でしたか、夏にかんかん日照りの日が続いて、街路樹《がいろじゅ》が立ち枯《が》れることがありました。桧原桜は大丈夫かと気になってなりません。あれこれ考えているうちに、迷案《めいあん》を思いつきました。

蓮根池《れんこんいけ》の畔《ほとり》の桜は、道をはさんですぐに松本池に隣接しています。灌漑用《かんがいよう》の二つの池は満々《まんまん》と水をたくわえています。

たしか日曜日でした。少々突飛《とっぴ》ですがユーモアです。すぐ近くの桧原消防署に電話をかけ、御免《ごめん》なさいと前置きして、「蓮根池で放水訓練《ほうすいくんれん》をして、桧原桜に放水していただけませんか」とたのみました。

先方は「えっ」とのみこめない様子《ようす》。もっともです。丁寧《ていねい》な応対《おうたい》でしたが、やっと

次第《しだい》がわかるとげらげら笑いだされて、しばらく会話になりません。なるほどしかしと、あとの応対はてきぱきとしていました。「放水訓練は本署《ほんしょ》の指示による以外は実施《じっし》できず、当署《とうしょ》の勝手は許されません。それより区役所の相談係に電話なさっては」と、行きとどいたものでした。

理《り》の当然です。こちらも照《て》れくさいので、どうもすみませんと受話器を置きました。そうして教えてもらった南区役所の肝心《かんじん》なところへ電話をすると、注水《ちゅうすい》コースにどうとかという返事でした。そのうちに雨が降って水不足も自然解消でしたから、このことはすっかり忘れていました。

それから四か月たった翌年正月の初めでした。通勤で桜の下の道を通っていると、汚《よご》れた短冊のようなものがひらひらしています。

なにかなと手に取ってみると、ボール紙を短冊大に切ったものに、「八月二十一日より灌水《かんすい》をしております。ご通報ありがとうございました。市役所」と書いてあってびっくりしました。

いつも通る道ですが、これまで目につかなかったのです。風のいたずらで、木の又《また》にでもはさまっていたのが、冬になって風向きが変わってひらひらしたのでしょう。
この親切には頭がさがりました。年を越してしまい赤面《せきめん》でしたが、事情を述べてお礼状を出しました。あのときの親切な方に届いたでしょうか。

花守り市長の英断で、桧原桜は終《つい》の開花を迎えました。花も実もある配慮《はいりょ》でしたが、共感して対応された道路関係の人たちのお骨折《ほねお》りは大変だったでしょう。桧原桜は思わぬ果報《かほう》を得て命が助かりましたが、いまも桜並木に注がれている、多くの人たちのあたたかい目が感じられます。

でも、桜の下に車を停《と》めて、弁当《べんとう》がらをポイする心ない人はあとをたちません。しかし、それを知らないうちに片付《かたづ》けている近所の人や、散歩の人たち。定期的に桜の下を整備される市の清掃《せいそう》の人たちがいます。花どきの前や折々《おりおり》に、私も池の斜面《しゃめん》にたまった空《あ》き缶《かん》やゴミを拾《ひろ》って、気持ちのいい花見に備えています。

そして通勤カバンの中に、市指定のゴミのポリ袋とビニールの手袋を忍《しの》ばせて、勤《つと》めの帰りに目ぼしいゴミを見つけると片付けています。夜間で人通りが少ないから気楽だし、ポケットパークは夜間照明があるので、ちいさな作業はあっけなく終わります。

数年前、桜の下の躑躅《つつじ》の植えこみに、小さな立て札を二本たてました。「ゴミ・捨てるひと・持って帰るひと」としゃれましたが、先日、感嘆《かんたん》するテキが出現しました。

立て札のすぐまん前の腰かけに、ビールの空き缶《かん》を積木《つみき》のように整然《せいぜん》と並べてあったのです。見知らぬテキの、挑戦《ちょうせん》でしょうか。あまりの見事《みごと》さに、思わず苦笑《くしょう》してしまいました。

花の頃になると、今でも句や歌の短冊が桜にかけられています。昨年の春、胸を搏《う》たれる一首がありました。

いくさ征《ゆ》く君の残せし教典《きょうてん》を
撫《な》づるがごとく花は舞い散る　法蓮僧《ほうれんそう》

また、毎年花どきになると花の朗詠《ろうえい》が聞こえてきます。桜雅流《おうがりゅう》吟詠会《ぎんえいかい》の人たちで、宗家《そうけ》の岩谷桜雅《いわたにおうが》さんや誠山会《せいざんかい》の川田啓治《けいじ》会長さんたちの朗詠《ろうえい》です。

桧原桜は、川本一守《かずもり》さんや松永多加《たか》さんの民話や、北九州市の平峰龍鳳《ひらみねりゅうほう》さんの吟詠会《ぎんえいかい》のテーマにも波紋《はもん》がひろがって……。

花と人とのふれあいも、いろいろのようです。

✿——いい眺《なが》めじゃのう

六年前の秋には、東住吉中学校から南福岡養護《ようご》学校に転任《てんにん》しておられた鳥居千鶴子《とりいちずこ》先生の指導で学習発表会のテーマになりました。この日、電通《でんつう》に勤めている友人の安田晃一《こういち》さんとのつながりで、ハプニングのいきさつをご存じだった先生から、ぜひにとお招きをいただいて、私は隅《すみ》の席でそっと参観《さんかん》していました。

不自由な児童《じどう》につきそわれているお母さんたちの涙《なみだ》ぐましさと、献身《けんしん》としか言いようのない先生方のご尽力《じんりょく》に、ほとほと頭がさがり目頭《めがしら》が潤《うる》みました。健康な子供に恵まれている平凡な日常が、どんなに幸福なことであることかと、つくづくと考えさせられました。

三、風、花、ひと……

学習発表会は、いわば学芸会でした。「空に太陽のあるかぎり」と題したプログラムで高等部の演題に「桧原桜《ひばるざくら》」とあります。中を見ると、「高等部のお友達は、桜という言葉からお花見や、遠山《とおやま》の金《きん》さん、そして戦争のことを連想《れんそう》しましたよ。みなさんは何を連想しますか？

さて、高等部の劇はこの桜にまつわるお話です。福岡の南の方の桧原で、十二年前に本当にあったお話をもとに劇を創《つく》りました。水戸黄門《みとこうもん》さまに助《すけ》さん、格《かく》さん、そして水の精《せい》や桜の精《せい》など次々に登場しますよ。楽しみにしていて下さい。乞《こ》うご期《き》待《たい》！」とあります。

不自由な児童の扮《ふん》する黄門《こうもん》さまと助さん格さんが登場して、お母さんや先生方から大きな拍手《はくしゅ》です。

黄門さま一行が、一人ひとりの後《うし》ろについておられる黒子姿《くろこすがた》の先生方の介添《かいぞ》えを受けながら、蓮根池《れんこんいけ》の畔《ほとり》の桧原桜を訪ねるのです。黄門さまが小手《こて》をかざして桜を眺《なが》め、助さん格さんに「よい眺《なが》めじゃのう」。その一心《いっしん》なしぐさにはびっくりして胸が詰《つ》まるばかりでした。

✿——嬉《うれ》しいひとひら

毎年春を迎えるたびに、桧原桜は新聞やテレビの恰好《かっこう》の話題になるのでした。でも、たいがい気がつかないで、友人に教えてもらうことが多かったのです。よく記事を見つけてくれたのは、童顔《どうがん》に白髪《はくはつ》のキャップがよく似合《にあ》う島村勝善《かつよし》さんと、水本唯一《ただいち》さんでした。

島村さんはコンピュータ時代の複雑な事務改革を、笑顔ですいすいとこなしながら、休日は九州の九重《くじゅうさんけい》山系にひたっている嬉《うれ》しい山男《やまおとこ》です。いつも周《まわ》りに声をかけないではおられない親切満《まん》タンの友人で、桜周《まわ》りにも気をつけて私の知らないニュースをよく教えてくれるのでした。

桧原桜の下に建《た》てられる歌碑《かひ》のことも、彼が最初に読売新聞に載《の》ったちいさなベタ記事のニュースを教えてくれたから知ったので、ありがたい情報タンクです。

水本さんは先年亡くなりましたが、気持ちの優しい人で、私が見落とした桜の記事

をよく見つけて、「土居《どい》さん、はい」と切り抜《ぬ》きをくれるのでした。

周囲を明るくする天才で、とても歌が上手《じょうず》でした。抜群《ばつぐん》の記憶力の持ち主で、戦前の流行歌から童謡《どうよう》、そして軍歌《ぐんか》まで、どんな曲でも諳《そら》んじていて、二番でも三番でも、たちどころに美声を聞かせてくれるのです。ときどき、スナックに一緒しましたが、花の頃には独特の哀調《あいちょう》で、私のために「さくら　さくら」を歌ってくれる優しい人でした。

春を迎えるたびに、「いよいよ桜ですね」と声をかけてくれるのは福岡シティ銀行の副頭取《ふくとうどり》だった中脩治郎《なかよしじろう》さんでした。すぐに「桧原の桜は……」ときりだされる。ちょっと困るのですが、ありがたい閉口《へいこう》でした。いつでしたか、北九州の社長さんたちの朝の例会に、私が編集している『ふるさとシリーズ』の話をしろとの電話です。やむなく参《まい》りますと、座長《ざちょう》の高藤建設の高藤昌和社長が私の紹介に、やおら桧原桜の話をなさった。誰から聞かれたのでしょう。もうびっくりで、話は支離滅裂《しりめつれつ》でした。以来折《いらいおり》にふれて、社友の後藤泰久《やすひさ》さんとお二人で桜は桜はとおっしゃる。銀行のお客様だけに大恐縮《だいきょうしゅく》です。

❀——花の連帯、さくらの会

こよなく桜を愛された進藤一馬さんが、市長を引退して福岡名誉市民《めいよしみん》に推薦《すいせん》されたとき、進藤さんを敬慕《けいぼ》する人たちがなにか記念品をと申し出ました。すると、「気持ちは頂くから、一本でも二本でもいい。舞鶴《まいづる》公園に桜を植えて欲《ほ》しい」と言われたとか。

それでは、全国の桜の名木《めいぼく》を福岡市にあつめて、市民の人たちに楽しんでいただこうと花の連帯が生まれました。岩田屋デパート会長の中牟田喜一郎《なかむたきいちろう》さんを代表にして、平成元年に「福岡さくらの会」が設立されたのです。

進藤さんは平成四年に亡くなられましたが、せっかくの会が任意団体《にんいだんたい》では惜《お》しい。社団法人《しゃだんほうじん》にしてはとの、桑原敬一前市長の勧《すす》めで、平成六年に社団法人が認可《にんか》され、その記念として、桧原桜の現場に花問答《はなもんどう》の歌碑《かひ》を計画されたのだそうです。

＊社団法人「福岡さくらの会」は、一、桜の名木や巨木、並木、名所等の表彰　二、公園、河川、学校、広場に桜の植栽《しょくさい》　三、国際親善のため外国へ桜の贈呈を事業としてうたっています。（・会長　中牟田喜一郎氏　・事務局長　中島政憲氏）

＊「福岡さくらの会」は、大方の役目を果たして平成二十二年に解散しました。

——とまどっての歌碑

いまから八年前、平成六年の夏頃でした。「福岡さくらの会」の社団法人の認可記《にんかき》念《ねん》に、桧原桜の歌碑が建《た》てられることを新聞が伝えていました。

毎年、花どきになると、桧原桜の歌問答がマスコミにとりあげられ、進藤さんと詠《よ》み人知らずとのＡ＆Ｂで語られるのです。毎日桜の下を通って通勤している私は、この方式に少々気持ちのうずきを感じていました。

進藤さんは、申し分のないミスターＡですが、Ｂ群には命乞《いのちご》いの色紙を発見して、助命のアクションをおこされた川合さんから歌の色紙を寄せられた人たちまで、花かげに多くの花守《も》りがいるのです。

私は花あわれの発信はしましたが、多くのB群の人たちがいなければ、桜の助命はかなわなかったでしょう。

出過ぎたことかもしれないし、進藤さんの歌碑《かひ》をすすめておられる人たちに失礼かもしれない。でも、花かげの花守りたちへの配慮《はいりょ》をよろしく、とお願いしても赦《ゆる》していただけるだろう。何度も何度も考えて、「福岡さくらの会」の中牟田《なかむた》会長のおひざもとである、岩田屋デパートに電話をしました。そして、親しい広報マネージャー(当時)の梶原善二《かじわらぜんじ》さんに「おいしいコーヒーをご馳走《ちそう》してください」と冗談《じょうだん》を言ったのです。

「はい、はい。どうぞ」と笑顔で迎えられた梶原さんに、これまで誰にも話したことのない花かげの花守りたちのことを話して、この話はA&B群ですから、歌碑にはB群の人たちへの配意《はいい》をよろしくと、「福岡さくらの会」へのとりなしをたのみました。

梶原さんに一切《いっさい》を了解《りょうかい》してもらえたので、私は気の張りがとけてしまいました。

その頃、心臓手術を受けた家内《かない》の予後《よご》がよくて、あとは体力の回復待ちという安堵《あんど》感《かん》に包まれていたのです。内と外との気がかりをパスして、あゝよかった。私はほっとしておいしいコーヒーをいただきました。

それから、進藤さんの〝桜花惜《はなお》しむ〟の色紙をいただいているので、もし歌碑に必要ならお役だてをと申し添《そ》えました。

しばらくして梶原さんから、「碑面《ひめん》にほしい進藤さんの〝桜花惜《はな》しむ〟の書を誰ももらっていない。どうしても入用《いりよう》だから、貸《か》してほしい」と電話がありました。

それはいいのですが、それからの話が思いもかけない難題《なんだい》でした。中牟田さんが歌問答の〝花あわれの歌〟を、本人に書いてほしいと要望されているのだそうで、ぜひ頼みますと言われる。

とんでもない。字が下手《へた》な私に、それもよりによって歌碑の文字を。とてものことでびっくり仰天《ぎょうてん》です。ひらにご勘弁《かんべん》をと固辞《こじ》し、重ねての電話にもお断《ことわ》りしました。

そうこうしているうちに、三回目の電話がかかってきました。「どうしても、書いてください。これから頼みにいきます」と言われる。来られても困ります。声をのんでいると伝えられた言葉が晴天《せいてん》の霹靂《へきれき》でした。

中牟田さんが梶原さんに、「君の親しい人だろうが、名前を出せないのなら、その人の名は聞かない。詠《よ》み人知らずでもいい。どうしても必要だから、〝七重《ななえ》の膝《ひざ》を八《や》重《え》に折って〟、書いてもらってきてくれ」と頼まれたのだそうです。

七重の膝を八重に折って……。この言葉には胸を搏《う》たれ、震《ふる》える思いでした。中牟田さんは社外のお役目も多く、福岡広告協会の会長さんで、私もお手伝いをしていますから、気さくなお人柄はよく知っています。こちらは覆面《ふくめん》のままですが、なにかとお世話になっている中牟田さんに、そうまで言われれば、もう断《ことわ》るすべがありません。

「参りました。書きますが、まずければボツでいい。歌碑は筑前の花守りの進藤先生の歌だけでいいのでは。私の字ではサマにならないはず。どうしても必要なら書家の人に書いてもらってください。それでいいのなら」と返事をしました。

マジックペンで色紙に書いた〝花あわれ〟の言葉が、いつのまにか〝歌〟にされていましたから、中牟田さんも、〝詠《よ》み人しらず〟が、ほどほどの字は書くだろうと思いこみをされていたのかもしれません。

そして、詠み人知らずとの歌問答でなければ、天国の進藤さんがうなずかれないと思っておられたのではないでしょうか。そう考えると、進藤さんが菅原《すがわら》神社の歌碑にほかの歌を選ばれたことも、桧原桜の〝花あわれ〟の色紙を誰にも書いておられないことも……。律儀《りちぎ》なサムライたちの、〝一連《いちれん》のなぜ〟がとけるように思われてなりません。

もう仕方がありません。意を決して川端町の筆具店で、上等の和紙を三百枚買ってきました。

その頃、家内は心臓手術で北九州市の厚生記念病院に入院していて、私は独《ひと》り暮《ぐ》らしでした。わが家に遠慮《えんりょ》のない痛烈《つうれつ》な〝批評家《ひひょうか》〟がいなかったのは、この〝大変《たいへん》〟を進めるのにはとても好都合でした。悪筆《あくひつ》の連《つ》れ合いが近くの歌碑の筆をとるという、よりによって破天荒《はてんこう》なのぼせごとに手をだすとは。家内がいれば、正気《しょうき》の沙汰《さた》かと気がかりで、とても見てはおられなかったでしょう。

思いを決めた私は、テキの不在を幸いに食卓いっぱいに半紙をならべて、さっそく〝花あわれ〟のおさらいを始めました。

今さら手習《てなら》いを始めてもどうにもなりませんが、それでも丁寧《ていねい》に百枚近く書いたでしょうか。ところが、どうにもきまらない。次第《しだい》に約束をした軽薄《けいはく》さがくやまれて、自己嫌悪《じこけんお》におちいってきます。困ったときの神頼みです。名筆《めいひつ》ナンバーワンである秘書室長の石川正知《まさとも》さんにお手本を書いてもらいました。シメシメの臨書《りんしょ》だったのですが、真似字《まねじ》には勢いがなくて、まったくさまになりません。悪戦苦闘の末に、結局は自分流儀《りゅうぎ》で書く以外に方法がないことが納得できました。そして、わが勢いで書くことも。おそまきながらの自得《じとく》でした。

それからは、すいすいと楽しく筆が運びました。立ったままで筆をとってもみました。自己流ですが、かえって一息《ひといき》に、筆勢《ひっせい》のいい字が書けるのです。二百五十枚ぐらい書いたでしょうか。自分でも、どれがいいのか悪いのか、わからなくなりました。でも、どうにか、〝成った〟の思いがして二十枚ぐらい選んで梶原さんに渡しました。これで難題解消《なんだいかいしょう》です。ほっとしました。

そして勢いのままに、以前抽選《ちゅうせん》に当《あ》たった西霊園《にしれいえん》のわが家の墓標《ぼひょう》の文字も一緒に書いて石材店に渡しました。生者万象《しょうじゃばんしょう》、いつかは土に還《かえ》ります。それで、墓碑銘《ぼひめい》を「土」の一文字に決めました。なにやら奥行きや広がりもあって、土居家の奥つ城《おくき》(墓)にふさわしいでしょう。ひと息になかなかいい字が書けたのです。

家内は、名医の瀬瀬顕《せせあきら》先生に心臓の手術して頂いて順調だし、桜の碑の難題もすんだ。墓碑の字もうまくいった。その夜はすこしルンルン気分で、ビールの缶《かん》をあけました。

歌碑の果報

「福岡さくらの会」により、蓮根池《れんこんいけ》の畔《ほとり》に桧原桜の歌碑《かひ》が建てられたのは、平成六年十月十一日でした。

ひと月ほど前から基盤《きばん》の穴が掘られ、ずいぶん大がかりだなと思っていましたが、碑《いしぶみ》のカバーがはずされて、高さと幅が約二メートルの碑があらわれると、その大きさに目を見張りました。

その日の朝、元気を恢復《かいふく》した家内が、「今日の除幕式《じょまくしき》はどうするの。村上さん（隣家の町内会長夫人）に誘《さそ》われたから、私出てみる」と軽いノリです。私は「たぶん、出ないよ」と言って家をでました。

〝詠《よ》み人知らず〟は顔を出さないほうがいいと仕事に没頭《ぼっとう》していました。すると、同僚の小柳義和《よしかず》さんに、「行きましょう、拒否権不可《きょひけんふか》です」と無理矢理《むりやり》にタクシーに乗せられてしまいました。

すっかり変節《へんせつ》して、現場に駆《か》けつけてみると、紅白《こうはく》のまん幕が大きく張られていま す。参加者も百五十人ぐらいで、大がかりな除幕式《じょまくしき》です。頭上に爛漫《らんまん》の桜花《さくら》が見られないのが残念ですが、なにかしら花の興奮があふれています。

私は後ろのほうの、桜の下に立っていました。歌碑の前に参会者の椅子席《いすせき》がもうけられていて、よく見るとピンク色のセーターを着た家内が、隣家の村上夫人と並んでちゃっかりと前の方に座っていました。

午後二時半、事務局長の山崎義治さんの司会で除幕式が始まりました。

「福岡さくらの会」の中牟田《なかむた》会長が、こよなく桜を愛された進藤さんの人柄を偲《しの》ばれ、ゆかりの桧原桜の地に建碑《けんぴ》できた喜びを切々《せつせつ》と語られました。

令嬢《れいじょう》の進藤洋子さんが「父は役目のことは一切《いっさい》家で話しませんでした。桧原桜のことも後で知りましたが、心の優《やさ》しい父でしたからいかにも父のしそうなことと思いました。このような晴れがましさをいただいて、さぞかし父は恐縮しながら、皆様のご厚情《こうじょう》に感涙《かんるい》していることでしょう」と挨拶《あいさつ》されたのが印象に残っています。

桑原市長と石村市会議長が進藤さんを偲《しの》ばれ、続いて桜色のそろいの着物姿の桜雅《おうが》

三、風、花、ひと……

花あわれ
せめては
あと二旬《じゅん》
ついの開花を
ゆるし給え

桜花《はな》惜しむ
大和心《やまとごころ》の
うるわしや
とわに匂《にお》わん
花の心は

桜のポケットパークに建てられた歌碑

流吟詠会《りゅうぎんえいかい》の婦人グループが、コーラスで、進藤さんの「桜花《はな》惜しむ」と私の「花あわれ」の歌を朗詠《ろうえい》されたのです。

拙《つたな》い「花あわれ」に立派な曲がつけられ、聞きほれるほどなのにびっくりしてしまいました。友人の奥さんも参加されていたそうで、後でずいぶん冷やかされました。

そして、地元の女声合唱団の「さくらさくら」と、華やかな桜のコーラスがあとに続きました。


式が終わり人影が消えてから、家内と二人で、初めて歌碑に対面しました。色合いが桜の歌碑に相応《ふさわ》しいほのかなピンクで、どっしりとした自然石です。正式な石の種類は知りませんが、私は勝手に桜石だなと思いこんでいました。その石に進藤さんの立派な歌と私のつたない筆との〝歌問答〟が彫《ほ》り込《こ》まれています。亡くなられた筑前の花守りの温顔《おんがん》が目に浮かび、言いようのない連帯を感じて、目頭《めがしら》がうるみました。

進藤さんには申し訳ない拙《つたな》さ、おこがましさに赤面《せきめん》するばかりでしたが、石工《いしく》さんが下手《へた》な字をうまく配列されて、私なりの息づかいが伝わってきます。文字を彩《いろど》っている緑の岩絵具《いわえのぐ》が桜色の碑面と調和して、拙《つたな》さを補ってくれています。わが家の厳しい批評家もまあまあという表情で、やれやれとほっとしました。裏面には簡潔な文章で建碑の由来《ゆらい》が記されています。しばらく無心になって、行間に私の願いを汲《く》み取りたいと、何度も読みふけっていました。

友人の横山喜英《よしひで》さんや佐藤亮一さんが、ビデオやカメラの手配をしてくれていました。桜の下に静かさがもどってから、生涯の記念に碑の前で、家内と記念のツーショットを撮《と》ってもらいました。

家内を誘《さそ》って式に参加された隣家の村上さんは、桜と私のかかわりをまだご存じありません。町内会長夫人で歌と華道《かどう》のたしなみがある方ですから、感想を聞くにはうってつけで、さっそく、テレビカメラにつかまっていました。

花の歌碑は、地区の人たちの喜びだし華《はな》やぎですと話されましたが、ニュースを見ている私はなにやら申し訳ない気持ちでした。

花かげの私にとって歌碑の誕生はたいへんな事件でした。嬉しいハプニングの連鎖《れんさ》に驚きながら、なにかしら目に見えないものへのしびれのようなものに搏《う》たれていました。

その頃だったでしょう。ご主人の転勤で福岡を離れられる婦人が、いい思い出の街だったと、「桜の会」に二十万円だったか寄付されたことを、新聞で知りました。花守り市長の風が継承されて、今もさやかに吹いていることが感じられるのでした。

歌碑騒動は私には大事件でしたが、いつの間にか八年の歳月が流れました。歌碑は風と雨の自然の彫琢《ちょうたく》をうけて桜のパークにふさわしい風趣《ふうしゅ》にもなってきたようで、また違った気恥《きは》ずかしさを感じています。

四、覆面を脱いで

✻——大晦日に一枚の葉書

平成七年の大晦日《おおみそか》に、一枚の葉書《はがき》が舞い込みました。文藝春秋社の鈴木重遠《しげとお》さんからで大型の絵葉書に、特徴のある旧かなづかいのお便りです。

「『文藝春秋』の巻頭随筆《かんとうずいひつ》に、桧原桜のことを書いてみませんか。斡旋《あっせん》しますよ」という文面でした。編集者の目をパスすれば、と留保《りゅうほ》は添《そ》えてありましたが、四十余年愛読している『文藝春秋』にトライしてみませんか、トライの価値はありますよという、夢のようなお勧《すす》めです。

アルプス連峰《れんぽう》が急に眼の前に広がって、それに挑《いど》みなさいと言われたようで、びっくりしました。言いようのない大きなエールで、なんだか目の前が輝いているようでした。一枚の絵葉書が、締めくくる一年をピカピカに荘厳《そうごん》しているように思えました。

鈴木さんとの縁は、十一年前に遡《さかのぼ》ります。平成三年に、私は福岡市の姉妹都市であるフランスのボルドー市表敬《ひょうけい》ミッションに加わることができて、岩波文庫のモンテーニュの『エセー（随想録）』と原二郎さんの『モンテーニュ』（岩波新書）を手に、いそいそと参加しました。

モンテーニュ（一五三三〜九二年）はフランスでのルネッサンス（文芸復興）と、新教旧教の宗教戦争の時代の人で、豊臣秀吉と同じ世代を生きた近世初頭の思想家です。彼の人間性への深い洞察《どうさつ》を記《しる》した『エセー』は後世《こうせい》に大きな影響を与えました。私は学生時代から『エセー』を読みかけては投げ出し、また手に取ることを繰《く》り返してきましたが、モンテーニュが約四百二十年前に市長をしていたボルドー市を訪《たず》ねて、彼のシャトー（邸宅）で、『エセー（随想録）』執筆《しっぴつ》の机に座ってみたい。それが私の見果《みは》てぬ夢だったのです。

その思いをレセプションの席で、通訳さんを介《かい》しながら、隣席の紳士に話しました。途端《とたん》にテーブルの人たちが、早口でざわざわと話しはじめました。何を話しているのか、さっぱりわかりませんが、モンテーニュ、モンテーニュとはずんだ声がクロスして、好感の視線を感じます。

モンテーニュと、三権分立を初めて唱《とな》えて法律の神様とされているモンテスキュー。

ノーベル文学賞のモーリャックの三人が、ボルドー自慢《じまん》の3Mです。はるかな日本の今夜の客人が、彼らが誇《ほこ》りにしているモンテーニュのシャトーを訪ねて『エセー』執筆の机に座《すわ》ってみたいと言う。ボルドーの人たちには、それがとても嬉《うれ》しかったのでしょう。

ポケットに入れていた岩波新書の、原二郎著『モンテーニュ』が、テーブルの人たちの手から手にわたり、それぞれに、ページの余白《よはく》に歓迎《かんげい》の寄《よ》せ書きをしてくれたのです。

次の日は福岡市側が催《もよお》す答礼晩餐会《とうれいばんさんかい》でした。本場のワインと、正装のフランスのレディたちにうっとりとしていると、周りから大きな拍手です。主賓《しゅひん》のディミトリー・ラヴロフ助役《じょやく》が、私を指《さ》して、はるか遠く姉妹都市の福岡から、モンテーニュを愛読する紳士を迎えて嬉しいとスピーチされているのでした。ワインで紅潮《こうちょう》している顔が、いっそう赤くなってしまいました。

そして、来賓《らいひん》のモンテーニュ大学のリッツ学長が、私をモンテーニュに似せて、新書の表紙裏《ひょうしうら》に即席《そくせき》のスケッチをなさったのです。襟《えり》のぐじゅぐじゅはと訊《き》くと、当時の貴族のしるしだと嬉しいウインクがかえってきました。

リッツ学長の描いたスケッチ

その翌日の見本市の懇親会《こんしんかい》でも話題になりましたが、シャトーは遠いし一人勝手もできないから〝夢去りぬ〟だと諦《あきら》めていました。すると、しばらく席をはずしていた前の席の紳士《しんし》がニコニコとVサインで帰ってきて、すぐにシャトーへ行けとのご託宣《たくせん》です。なんと幸運にも、彼がボルドーワインのたいへんな有力者、バーナルド・シネステット氏だったのです。

折角《せっかく》のチャンスですから、同行の紳士たちを誘いましたが、みんなにやにや笑って尻込《しりご》みです。それで通訳の前田女史《じょし》と若い女性の三人で、シャトーまで市の車で七、八十キロをひとっ飛び。夢に描いていたモンテーニュのシャトーの客人になれたのです。

天井の梁《はり》に、ラテン語の箴言《しんげん》を書き連《つら》ねてある『エセー』誕生の部屋で、私は彼が瞑想《めいそう》にふけったという壁《かべ》の凹《くぼ》みに腰をおろしました。

彼が『エセー』のペンをとった念願の机に対面しました。椅子《いす》に座ることは許されないので、私は中腰《ちゅうごし》になって、前かがみに『エセー』の机にほおづえをつきながら、無量の感慨にひたっていました。ボルドー紀行の最大の願いを、永年の見果てぬ夢を

〝いま〟果たしたのでした。

私は、シャトーで買った三本の〝モンテーニュ・ワイン〟をかかえて、満足して帰《き》途《と》につきました。

その感動を綴《つづ》ったボルドー紀行「モンテーニュのワイン」が、かねて知り合いだった『文藝春秋』の青山徹《とおる》さんの斡旋《あっせん》で、鈴木さんが編集長だったミドルエイジ対象の『ノーサイド』誌に掲載《けいさい》されたのです。

それからの縁《えん》で、上京のおり、文藝春秋社を数回訪ねましたが、たまたま花時だったのか、花談議となって桧原桜の花守りたちのことを話していました。

鈴木さんがそれを覚えておられての、ありがたいお勧《すす》めでした。歳末《さいまつ》の御用納《ごようおさ》めの日に、気にかかっておられた小さなことを片付《かたづ》けられてのペンだったでしょうか。

地方の一介《いっかい》の銀行員に過ぎない私が、『文藝春秋』の檜舞台《ひのきぶたい》に挑《いど》む機会を与えられたことは、生涯にまたとない晴れがましさです。沸々《ふつふつ》とたぎっている書いてみたい気持ちとともに、十二年も黙《だま》っていたことを今さらにという逡巡《しゅんじゅん》が交錯《こうさく》して迷いました。

でも花守りたちについて書きたい思いは、胸のなかに張りつめています。友人の内田真一さんや、中津孝治さんが、あちこちで無闇《むやみ》に伐《き》られている桜が助かることに役立つかもしれない。書け書けとけしかけます。

よし、書こう。『文藝春秋』のアルプスへ登攀《とうはん》しよう。いつしか私は新年へ、鬱勃《うつぼつ》とした決意を固めていました。

それから休みの日に、始めたばかりのワープロにしがみついて桜原桜と格闘しました。やっと書き上げて送った原稿に、編集部から、頂くとの電話があって感無量の思いでした。副題にしていた「花かげの花守りたち」がタイトルに変わりましたが、本文は訂正ゼロでこれはちょっと気分のいいことでした。

❀──覆面を脱いで

こうして『文藝春秋』の随筆で、花問答から十二年ぶりに覆面《ふくめん》を脱《ぬ》ぐことになりましたが、『文藝春秋』発売前にしなければならないことがありました。桜原桜の延命でお世話になった方たちに、覆面を脱《ぬ》ぐ次第《しだい》をそえて、桜の礼を伝えなければ私の一《いち》分《ぶん》がすたります。

まず一番に、朝のジョギングで悪筆の色紙を発見していただいた川合辰雄さんに手紙で仔細《しさい》をお知らせしました。すぐに、十二年前のことを思い出され、「あのときは、いいことだから、なんとかならないかと大島君に話しましたよ」と丁重なお電話でした。

西日本新聞に「花あわれ」の記事を書かれた、「年」さんこと、松永年生《としお》さん(当時、久留米総局長)はさすがに新聞記者で、『文藝春秋』掲載のことはすでにご存じでした。「もう十二年になりますか。あのときは、九州電力の大島さんから、電話をもらって駆《か》けつけました。進藤市長もご老体。引退のうわさもあったから、つい熱が入《はい》りましたよ」と、きびきびした声が返ってきました。

それからしばらくして、なまの松永さんと対面しました。

一八二センチの長身にファイトを秘めて、なるほどニュースと聞けば、ただちに駆《か》けつける敏腕《びんわん》記者だなと納得しました。

「はじめは伐採《ばっさい》と決めていた市当局でしたが、柔軟《じゅうなん》な姿勢で検討しようという言葉を引き出し、この言葉に飛びついて記事にしたのです。大島さんは、ボスの気持ちを察して色紙発見者の名を言われなかったから、川合さんだとは今まで知らなかった。いかにも川合さんらしいですね」と笑いながらの回想でした。

鳥居千鶴子先生は普通中学にもどっておられましたが、養護《ようご》学校の校長先生にとてもよろこばれたと嬉しいご返事でした。

福岡市の土木局には面識がありません。皆さんが会議中だったので、永年のご配意にお礼の伝言をして電話を切りました。

すると、五分も立たないうちに石井聖治《しょうじ》局長から、今からうかがいたいと丁重な電話です。プライベートなことで、市のえらい人に来られても、ちょっと応対に困ります。とっさに、天神《てんじん》に先約があるので、こちらから伺《うかが》いますとアドリブしていました。

約束の十一時に市役所を訪ねると、石井局長、眞子《まこ》課長、渡辺係長の三人が待っておられて、丁重に局長室に招《しょう》じられました。

そこで見せられた分厚《ぶあつ》いファイルにびっくりしました。

十二年前に私が筑前の花守り・進藤一馬市長へ出した礼状から翌年の花見へのお誘いまで。そして、これぐらいでは、違反にはならないでしょう。お近くで花見をと送ったささやかなビール券のレターまでも。

これまでの一切《いっさい》がもれなくファイルされているのです。これには感動を通り越して、言葉を飲む思いでした。滅法《めっぽう》に恵まれた私だったとの思いが、深甚《しんじん》とこみあげてくるのでした。

それから岩田屋デパートへ梶原さんをたずねて、「福岡さくらの会」の中牟田会長へのお礼を伝言しました。

四月十日

『文藝春秋』発売の四月十日の朝、出社して席につくと部の森下幸世《さちよ》さんが、「駅のキオスクで買いました。ちゃんと載《の》ってましたよ」と、発売早々の『文藝春秋』を、笑って渡してくれました。

私の思い入れを知っている山村さんと行内報担当の樫井《かたい》聖恵《まさえ》さんが祝福してくれます。彼女たちは読書家で語彙《ごい》が豊富ですから、せっかちな私の文章に誤字《ごじ》や脱字《だつじ》がないかと、いつもモニターを頼んでいます。

ルーキーの井手清美さんが、横でにこにこして紙をいじくっています。アイデアのひらめく子ですから、ビデオニュース用の装飾《そうしょく》をつくっているんだなと思っていました。

他の部をひと回りして部屋に帰ると、ドアがなんだか華《はな》やかです。なんと手製のレイで「土居《どい》大先生、『文藝春秋』の巻頭随筆《かんとうずいひつ》おめでとうございます」とあります。先ほどの作品がこれで、可愛《かわい》い祝福のレイだったのです。

行内《こうない》のビデオニュースに感想を聞かれ、つい「ハプニングでした」とひとこと言って退散しました。

その日はあちこちから電話がひっきりなしにかかってきて、わくわくの嬉しい一日でした。

家内の悦子も、朝からそわそわしていました。本当に亭主《ていしゅ》の文章が『文藝春秋』に掲載《けいさい》されているのだろうか。なにかの事情で没《ぼつ》になっていないだろうか。気が気でなくなって近所の本屋さんへ走ったそうです。

『文藝春秋』を手に取って見ると、たしかに載《の》っています。そっと本を置いて外に出ました。亭主がのぼせて、たくさん買ってくるに決《き》まっています。無用の出費はつつしんで節約節約です。それから気分晴《は》れ晴《ば》れとスーパーへ。夕食の買い物に回ったそうです。

その夜は、家内の心づくしの料理で祝杯をあげました。永年胸につかえていた筑前の花守りと、花かげの花守りたちへの感謝の気持ちが尽くせた思いがして、快く酔いました。

それから毎日、友人たちや、思わぬ人たちから郵便が舞い込んで、「桜レター」と書いた収納の大型封筒が、パンパンにふくらみました。

若き日に情熱を燃やしあった職場の友人やレディたちが祝ってくれましたが、なんともへんてこな、こそばゆい祝賀会でした。一面識もない宝塚の朝日昭三さんから、共感したと、立杭焼《たちくいや》きの湯呑《ゆの》みが送られてきました。桜原桜に寄せられた多くの歌を書き込まれた丹念《たんねん》な作品でした。また京都の婦人から、洛北《らくほく》に残されている唯一の風《ふう》致《ち》が高速道路で壊《こわ》される。市に再検討を頼んでいるが聞いてもらえない。エールをという切々《せつせつ》とした電話でしたが、軽々《かるがる》しいことも言えずつらいことでした。

こうした例は、開発が進む日本列島のあちこちで起きていることでしょう。開発ゲインに着目しながら、失われる生命への謙虚《けんきょ》な対応にたって、住民と行政との条理《じょうり》をふまえた静かな検討が必要なのでしょう。

『文藝春秋』掲載《けいさい》をきっかけに、多くの人に声をかけられ、明けての年賀状に嬉しいコメントをいただいたりと、思わぬ桜旋風《せんぷう》の果報に浸《ひた》っていました。

――ふるさと内子町

太宰府天満宮《だざいふてんまんぐう》の飛《と》び梅《うめ》伝説ではありませんが、桧原桜の花びらも春風にのって、私のふるさとである四国の内子《うちこ》の里に飛んでいました。

『文藝春秋』の巻頭随筆に私のペンが載《の》ってなにより嬉しかったことは、愛媛県喜多《きた》郡内子《うちこ》町で、家業百年の土居旗幕染店《どいはたまくそめてん》を経営していた邦平《くにひら》兄がとても喜んでくれたことでした。

役場や菩提寺《ぼだいじ》の禅昌《ぜんしょう》寺の和尚《おしょう》さんから電話がかかってきたりと、周辺が賑《にぎ》やかだったそうで、思わぬ〝親孝行〟ができたのは嬉しいことでした。

邦平兄は、戸籍《こせき》では叔父《おじ》なのですが、親代わりの存在です。私がまだ物心《ものごころ》のつかない時に、父が病気で早逝《そうせい》したので、若い母は実家にかえりました。それで、父の末弟だった邦平叔父が家業の旗幕染店を引き継いで私を育ててくれたのです。

私は幼稚《ようち》だったのでしょう。小学五年生の頃まで、祖母を母《かあ》ちゃん、叔父を兄《にい》ちゃんと思い込んでいました。結婚前の好子叔母《おば》たちも可愛がってくれ、邦平兄と結婚した優しい房子叔母を姉《ねえ》ちゃんと親しんでいました。

房子叔母も以前に亡くなり、邦平叔父も、米寿《べいじゅ》を目前に昨年の秋に他界しました。私はかけがえのない〝親〟を失ったのです。

『文芸春秋』掲載の朗報《ろうほう》を知った邦平兄は、私の同級生の久保勉さんが経営している久保昭和堂から『文藝春秋』を取り寄せて、さっそく仏壇《ぶつだん》に供《そな》えました。

勉さんは、「桜の春が待ちどおいですね」と達筆《たっぴつ》の賀状をくれていましたが、一昨年亡くなられて惜しまれてなりません。

余談《よだん》ですが、内子町の自慢《じまん》は、旧家《きゅうか》のたたずまいを遺《のこ》している八日市筋《ようかいちすじ》と歌舞伎《かぶき》劇場の内子座《うちこざ》、そして失礼ですがノーベル文学賞の大江健三郎さんとの三点セットです。

八日市筋には、幕末から明治にかけて櫨蠟《はぜろう》の集積・精製《せいせい》・漂白《ひょうはく》の加工で成功した素封家《そほうか》の芳我《はが》一族や、旧《ふる》い伝統の家並みが遺《のこ》っています。往事《おうじ》のたたずまいに魅《ひ》かれて訪れる観光客がたえません。

先年の春は、中世の建築の街で知られているドイツ・ローテンブルク市の市長らの来訪でにぎわいました。

明治初年に、四国僻陬《へきすう》の地だった伊予《いよ》(愛媛県)喜多郡の小盆地の地方資本が、蠟燭《ろうそく》、石鹸《せっけん》、染色《せんしょく》・医薬品、口紅《くちべに》、鬢付《びんつけ》などに必要な櫨蠟《はぜろう》生産の大きな割合を占《し》め、外貨《がいか》獲得《かくとく》にも貢献《こうけん》したのですから壮観《そうかん》だったでしょう。

八日市筋から坂町、そして本町通りを下《くだ》れば、百年続いた私の実家の土居旗幕染店があり、その先を右に回ればすぐに歌舞伎劇場の内子座《うちこざ》です。

内子座は昭和六十年に復元されて、讃岐《さぬき》(香川県)の旧金比羅大芝居《こんぴらおおしばい》で知られる琴《こと》平《ひら》町の金丸座《かなまるざ》とならんで有名になった歌舞伎劇場です。市川團十郎《だんじゅうろう》一座や坂東玉三《ばんどうたまさぶ》郎《ろう》一座の公演には、四国各県はもちろん、関西や東京方面からの観劇者で賑《にぎ》わいました。その劇場の幕を仕上げたのが邦平兄の自慢です。

そして、さらに内子町の名を高めたのは大江健三郎さんの存在です。出生地の大瀬《おおせ》は、私たちの子供時代には遠足で訪ねる距離でしたが、今は車で十四、五分のところ。かっての内子町は人口五千人のこぢんまりした町でしたが、大瀬・五城・立川・満穂の四村と合併して、今では一万二千人の大きな町に変わっています。

大江さんがノーベル文学賞を受けられたときの〝気持ちはずみ〟の邦平兄の電話は傑作《けっさく》でした。

「おまえは、福岡をドームやキャナルやと自慢するが、いま日本でも世界でも、内子のほうが有名だぞ」。

もちろん大江さんを伏線《ふくせん》にしての内子自慢です。

電話の向こうで邦平兄の得意気のしたり顔がありありです。

「はい、はい。参りました。内子が世界一です」。私は笑ってシャッポをぬぎました。

大江さんの難解な文章には辟易《へきえき》で、叔父はたぶん手にしたこともないでしょう。それでも、大江さんのノーベル文学賞が内子町民として誇らしく、さっそく電話で私に自慢しないではおられなかったのです。

子供の頃の桜と私

桜といえば、古いアルバムに私が写っている最初のスナップは、故郷愛媛県内子町の、小田川の知清川原《ちせいかわら》の花見の写真のようです。バックに桜は写っていませんが、祖父に連れられて花見にいったことは子供心に覚えています。

涼し気な紗《しゃ》の羽織《はおり》。カンカン帽《ぼう》をかぶった長身の祖父に連《つ》れられて、白い大きな帽子をあみだに、気にいった絵本をかかえた四、五歳の私が写っています。記念写真は、同級生の谷野君のライト写真館か、小学校近くの尾崎写真館ときまっていましたから、珍しいスナップ写真です。

六十数年前で、どの家にもカメラなどありはしない。誰が写してくれたのでしょうか。ルーペで拡大して久しぶりに謹厳《きんげん》な祖父に対面しました。町内いちばんの一徹者《いってつもの》だった祖父は、孫を連れての花見でも、場違いの威厳《いげん》の顔をくずしていません。

祖父にシンクロして、幼い私も口をへの字に結んでいて吹き出します。手にしている絵本は題がどうしても思い出せませんが、気に入りの童話でした。

私のスナップ第一号が、祖父と一緒の桜花見の写真なのが、なんだかほかほかと嬉しくてなりません。


腕白《わんぱく》時代の愉快《ゆかい》な思い出は、〝桜正宗《さくらまさむね》〟です。桜正宗といっても、子どもですから銘酒《めいしゅ》ではない、チャンバラの刀です。

子供の頃、腕白仲間の遊びは、チャンバラごっこに決《き》まっていました。新撰組《しんせんぐみ》の近藤勇《いさみ》もスターでしたが、やはり一番のヒーローは勤王《きんのう》の志士《しし》の桂小五郎《かつらこごろう》でした。

四国なのに坂本龍馬《さかもとりょうま》が、なぜ出てこなかったのでしょう。いつか雑誌で、龍馬が文久二年《ぶんきゅう》に土佐藩《とさはん》を脱藩《だっぱん》したとき、四国山脈の峻嶮《しゅんけん》を越《こ》えて伊予《いよ》に入り、小田川から肱川《ひじかわ》を舟で下り、長浜《ながはま》から長州《ちょうしゅう》の三田尻《みたじり》へ渡ったと知りました。

内子で一休みでもしていれば、子供たちのヒーローは龍馬になっていたでしょう。だが風雲児《ふううんじ》の維新回天《いしんかいてん》の門出を、満開の知清川原《ちせいかわら》の桜が見送ったかと思うと、愉快でなりません。

その頃、チャンバラの刀を子供に買ってくれる酔狂《すいきょう》な親はいません。

小五郎も、勇も、自慢の名刀は桜正宗でした。遊び場の禅昌寺《ぜんしょうじ》の墓地には、巨《おお》きな桜が何本もあって、刀の材料にはこと欠きませんでした。

たわみのある若枝を切って、柄《つか》と鞘《さや》の境目《さかいめ》に切り身を入れます。鞘《さや》の部分が傷つかないようにアテをおいて、その上から棒《ぼう》でごしごしと根気よくこすると、樹皮《じゅひ》がういてきて芯《しん》が抜けるようになります。すっぽり抜けた樹皮はそのまま鞘にして、芯を小《こ》刀《がたな》で刀の形に削《けず》れば、名刀のできあがりです。

刀が作れるのは、樹液が潤《うるお》うときに限られましたが、自作の〝正宗〟を振り回し、墓地の塀《へい》の上を走りまわって、小五郎気分でチャンバラに夢中でした。よく怪我《けが》をしなかったものです。

お寺の和尚さんも、腕白たちの悪戯《いたずら》を大目《おおめ》に見てくれていたようです。だが、桜にとっては、始末にこまる悪ガキだったでしょう。以来、半世紀をこえて、桜の正宗を振りまわしていた天敵の私が、花《はな》あわれのSOSを発信し、『花守りの記』を綴《つづ》っています。

なにやら、こそばゆくて仕方がありませんが、ワルガキの罪滅《つみほろ》ぼしで、桜にこの役目を振り当てられたのかもしれません。

ちいさな花見

花の頃になると、胸が騒《さわ》ぎ始めます。私はビール一杯で真《ま》っ赤《か》になるたちで、バッカスに笑われていますが、この季節ほど、少々の花見酒が飲める幸せを感じることはありません。

勤務先の銀行からの帰りには、ひそかな愉《たの》しみが待っています。

ＪＲ博多駅前の銀行から、私の住んでいる桧原近くの長住《ながずみ》六丁目までバスで約四十分。自動販売機で缶《かん》ビールを買って、いそいそと家路《いえじ》を急ぎます。約三分で蓮根池《れんこんいけ》の畔《ほとり》です。

夕暮れの七時前後で、夜桜《よざくら》見物に恰好《かっこう》の頃合い。ぱっと、目の前が明るくなって、満開の桧原桜が待っています。たいがい、数組の家族づれや、近所仲間がシートを敷《し》いて、小さな花見を愉《たの》しんでいます。私も、腰かけに腰を下《お》ろし、不思議な花縁《かえん》を得た花景色を眺めながら缶ビール一本のほろ酔《よ》いで、気分日本一の花の道草を楽しみます。花見の客に溶《と》け込んで、まことに駘蕩《たいとう》たる気分です。

あれは数年前の春の夜でした。二十歳ぐらいの美しいお嬢《じょう》さんから「どうぞ」と発《はっ》泡《ぽう》スチロールの皿をすすめられました。皿の上には、ソーセージや蓮根《れんこん》がのっていて花見弁当のおすそ分けです。向こうの桜樹の下で、こちらを向いて笑っておられるご両親の顔が見えます。美味《おい》しくいただいて、お礼に行くとご主人が、「あなたの気持ち、よくわかりますよ。博《はか》チョンは辛《つら》いですもんな」。

塒《ねぐら》に帰っても、たれひとり待っていてくれるわけではない。だから、一人寂《さび》しくこの池畔《ちはん》で花見酒と見えたのでしょう。思わず苦笑《くしょう》しましたが、あたたかいものがツーンときて胸がつまりました。

もっとも、家に帰って家内にこの話をしましたら藪蛇《やぶへび》でした。「すぐそこに家があるのに、いい歳のおじさんが缶ビールで花見とはみっともない。近所の奥さんに見られたら恥ずかしい。ビールぐらい家に帰って飲んでください」と、いやはやおかんむりでした。

いつでしたか、夜桜の下は、若い女性たちで賑《にぎ》わっていました。女子大生七、八人のグループのようで、華《はな》やいだお花見です。私も缶ビールを飲みながら、花も人もいい景色だなと、うっとりと眺《なが》めていました。すると座の中心から、聞きなれた声が聞こえてきます。天神《てんじん》にお勤《つと》めのKさんで、私より五、六歳上の方。九州経済の展望に詳しくいつも本を手にされている無口で温厚《おんこう》な方です。仲間の人たちと一杯やって、ほどよくご酩酊《めいてい》のままに花見としゃれて、女の子たちの座にとけこまれたご様子。私はすぐ近くのベンチですから、いやでもKさんのご機嫌《きげん》の声が耳に入ってきます。

「あんたたち、知っとるな。この桜と進藤さん。前の名市長さんたい。もう十四、五年前の話たい。ここの道を広げるために、この桜が切られることになったったい。それでな。誰か知らんけど、花が哀《あわ》れや言うて、助命願いの歌を色紙に書いて桜に吊《つ》るしたったい。近所の人がまた次々に色紙をさげて進藤さんの返歌もあってな」。

なかなかの名調子で、女の子たちが感心して聞いています。私はだんだんこそばゆくなって、見つけられないようにそっと姿《すがた》を消しました。桜が助かってせいぜい五、六年のときでしたが、もう伝説になりかけてと、なにかしら可笑《おか》しくてなりませんでした。

子供で吹き出したこともあります。桜の下で、数家族がなごやかに、子供中心の夜桜見物をしていました。子供たちは元気に走りまわって、なかなかじっとしていません。そのうち、やっと花見の座についた子供をつかまえて、お母さんが花守り市長と桧原桜のことを話しだされたのです。私がやれやれと思っていると、坊やが「先生に聞いて知ってるよ」と言って逃げ出しました。あっけなくチョン。思わず笑ってしまいました。

桧原桜は、西鉄バスの「西花畑《にしはなはた》小学校前」バス停のまん前です。松本池をはさんで、学校のまっ正面です。桜の頃には、教室からなによりの花景色でしょう。先生が授業中に花見気分で、桧原桜のお話に脱線されたのかもしれません。

＊──花の日曜日

桧原桜の春は、爛漫《らんまん》の花日和《はなびより》です。

長住六丁目から、歩いて三分の便利さと池面《いけも》に花影をおとす風情《ふぜい》、そして話題となった花のハプニングに魅《ひ》かれて、花日和の休日には、桧原桜をたずねる花見客が絶えません。家族連れがとぎれず、ドライバーも桜の下に車を止めて手ごろな花見を楽しんでいます。

昨年の春。ラガータイプの頑丈《がんじょう》な若いパパさんが、幼児を肩車《かたぐるま》にして、歌碑の裏面《うらめん》に埋《う》め込《こ》まれている碑文《ひぶん》を読んでいました。そして、なるほど合点《がてん》の晴れ晴れの顔で、「ムカシノ市長はえらかったなぁ」とつぶやきました。耳に入ってきた突然の〝ムカシ〟にびっくりしましたが、無性《むしょう》に可笑《おか》しい。なるほど、あれから十数年。桧原桜のハプニングはもう昔話なのですね。

碑面《ひめん》の字を指でなぞって、子供さんに説明しているお母さんもよく見かけます。桜の下の腰かけに、腰を下《お》ろして、鉛筆をなめながら、いつまでも花を眺めている年配のおじさんも。いい句か歌が生まれましたか。

手押《てお》し車に、足の不自由なおばあちゃんを乗せて、お母さんと娘さんが花見の親孝行をしていました。ジーンズの娘さんが、地面に膝《ひざ》を折《お》って、おばあちゃんに顔を寄せてなにか話しています。和服姿の上品なおばあちゃんが、ふんふんとうなずいて愉《たの》しそう。春の陽《ひ》ざしが集まったような、まぶしくうららかな眺めでした。

春の日、郵便受けに達筆で記された歌用箋《かようせん》がはいっていました。

隣家の村上みさをさんからで、花守り会のことが新聞で伝えられて、隣家の主《あるじ》が色紙騒動の当人だったと、おわかりになったようです

花守りの逝《ゆ》きにし今も咲き誇り
桧原《ひばる》の里に春や告げじと

勤めの帰り道に、缶ビール一本の爛漫《らんまん》たる酔い心地で、日本一の夜桜気分を味わっ

ている私も、真っ昼間の桜の道はなんとも調子がわるくて、人目が気になって足早に。家内もそそくさと通ることが多いようです。

でも、開花から花吹雪まで、胸ほかほかの二週間です。

親切の宅配便

平凡なわが家の日常にも、吃驚《びっくり》することがあるものです。都心街で落とした通勤定期をはさんだ手帳《てちょう》が、二時間もたたない間に、郊外のわが家《や》へ、本人の私よりも早く帰宅していました。三年前の秋のことでした。

定期券に添《そ》えられた走り書きは、手近《てぢか》の紙袋を破《やぶ》って裏側に書かれたようで、表のすみには、小さくＭＥＤＩＣＡＬ　ＬＡＮＤとあります。薬局の薬袋だったのでしょうか。

この走り書きは、〝わが家の家宝〟で、小さな額《がく》にいれて私の部屋に飾りました。コピーは財布《さいふ》にはさんで私の大切なお守りです。

ほかほかとした気持ちなので、スナックのママさんにコピーをみせて、「子供さんのクレヨンで、即席《そくせき》のメモらしい。嬉《うれ》しいな」と話しました。

すると、手に取ってじっと見ていたママさんが、これは眉墨《まゆずみ》ではと言うのです。お父さんかお母さんが、子供さんのクレヨンで書かれたのは嬉しいし、美しい若い女性が眉墨で書かれたのなら、ロマンがたちこめます。どちらにしてもいい話ねと笑われたのですが、この嬉しさはとても言葉には尽《つ》くせません。

誰ともわからない親切な方へ、お礼の伝えようがない。考えあぐねた末、私は新聞の投書欄を借《か》りてお礼を申し上げました。

十月末のことでした。福岡市美術館のコラン展を見て、家内と天神《てんじん》で落ち合い、軽い食事をして家路へのバスに乗りました。

さて、降りようとすると手帳がない。通勤定期も挟《はさ》んでいて、明日からさっそく困ります。

グルーミーな気分で家に帰り、郵便受けを見ると、なんと、なくした手帳がありました。もうびっくりしてしまいました。

「けごで拾ったので届けました」と、クレヨンの走り書きが添《そ》えられています。まゆ墨《ずみ》のようでもあり、若い女性なのかもしれません。なくしたのは夕方の七時ごろで、家についたのは九時前です。二時間たらずの間に、本人よりも早く帰宅していた「親切の宅配便」でした。感動という月並みな袋では包みたくない。言葉にならないひろやかなものにふれて、私も家内もしばらくぼやーんとしていました。

どなたかわかりませんが、福岡の都心から南郊の桧原一丁目まで、ずいぶん遠回りをして届けていただいたのでしょう。

いつまで、忘れられない、言葉に尽くせないありがたさでした。

（平成十一年十一月二十五日西日本新聞）

友人の日下《くさか》正親さんが、その親切な人は、きっと、桧原桜のことを知っていて届けてくれたんだよ、と言いました。もしかしてそうなら、桜が届けてくれたのですね。

✻——小さなお客さん

桜原桜の下に腰をおろしていると、松本池を挟《はさ》んで真正面の西畑花小学校から元気な子供たちの歓声《かんせい》が聞こえてきます。

昨年の初秋のある日、教頭の松永先生から電話があって、児童たちに桜原桜の話をしてほしいとのご依頼です。どういう話をすればいいのか見当《けんとう》がつきませんが、子供のためにと頼まれればノーとは言えません。

高木校長先生が、「児童たちに、自分たちが住んでいる西花畑校区への誇りを持たせたいと願っています。花守りの皆さんで学校の真正面の桜を守っていただきました。子供たちにわかりやすい話だからよろしく」とおっしゃる。

さらに先生方から、「西花畑校区の誇《ほこ》りは」のアンケートに、六年生の四〇パーセントの子が桧原桜をあげていることや、公民館が募集した西花畑校区の歌に入選した「愛あふれる街西花畑《まちにしはなはた》」の歌詞《かし》に、桧原桜が取り入れられていること、そして小学六年生の小宮慶子さんが調べた桧原桜のレポートは素晴らしい、とうかがいました。ただただ恐縮《きょうしゅく》するばかり。どうもどうもで、学習予定に組み入れられてしまいました。

こうして各学年の児童たちに、「花守り物語」を話すことになりました。理解できる表現にと言葉選びに気をつけましたが、ちびさんたちもちょこんとすわって、熱心に聞いてくれました。

あくびをする子がいないので、ほっとしました。キラキラの瞳《ひとみ》に見つめられての、あっという間の四十分でした。

それからしばらく、「こんにちは、土居《どい》さん」と、桧原桜の質問に、小さいお客様の来訪《らいほう》が続きました。

先日は六年生の児童たちがお礼にと感想集を持って来ました。きちんと綴《と》じられた感想集の表題がなんと「西花畑の謎《なぞ》は解《と》けた！」でした。二月八日の「わくわく大作戦」の発表会にぜひお出で下さいと、立派な口上《こうじょう》で家内を感心させました。

その中の大津留江梨《おおつるえり》さんの文に「これからもお仕事がんばってください。そして桜を守りましょう。私も守ろうと思います」とあります。いい歳をした私が、子供たちに励まされている。可笑《おか》しく、嬉《うれ》しくて、なんだか慌《あわ》ててしまいました。

何は惜《お》いても出席しなければなりませんが、街で会う可愛《かわい》い紳士淑女《しんししゅくじょ》たちが、みんな知り合いだと思えば気持ち爽快《そうかい》、限りなしです。

五、ボクは桜の係長

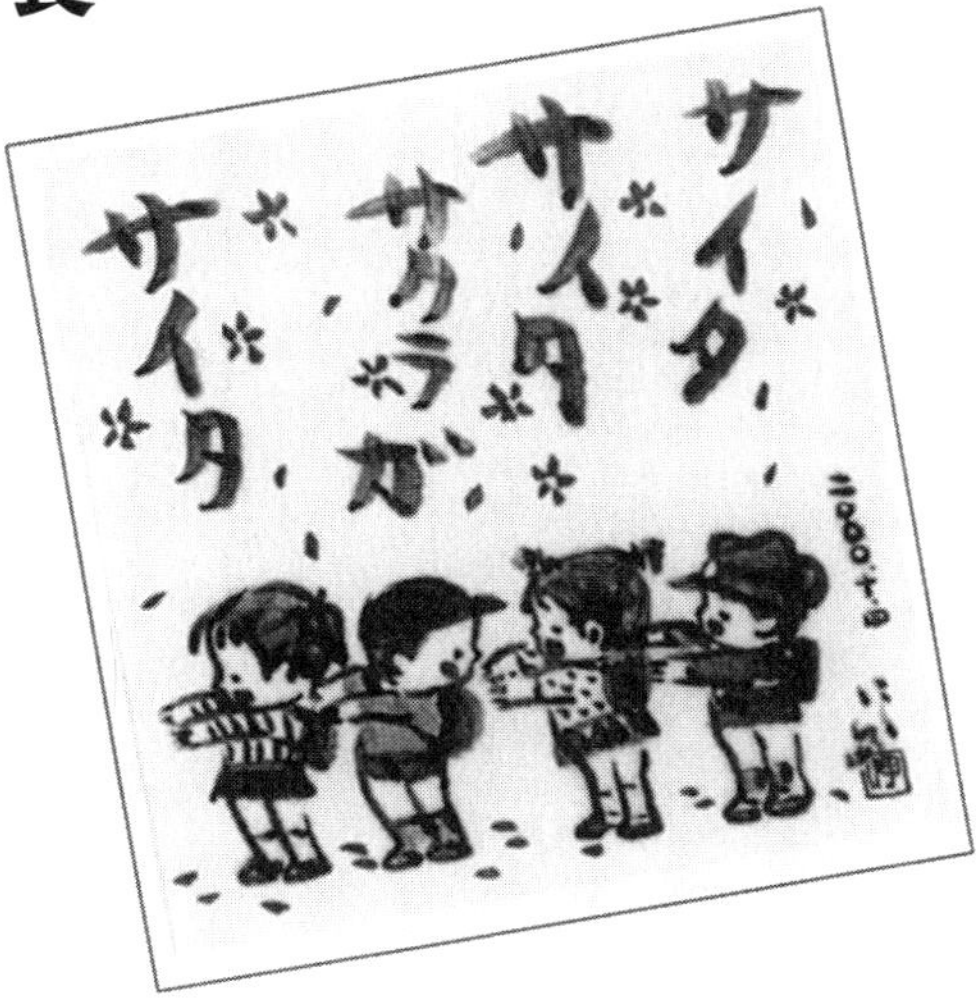

❀——初顔合わせの花守りたち

五年前の春、西日本新聞の松永記者や、福岡市の石井局長や眞子《まこ》課長と、来春は花守り勢《せい》ぞろいの花見をしようと約束しました。

十三年の歳月に、点と線とが結ばれて、私には大方《おおかた》の花縁図《かえんず》が描かれていましたから、気持ちがはずむ思いで、花守りたちに案内状を出しました。

八十路《やそじ》でますますお元気な川合辰雄さんは、近くの西長住にお住まいです。財界の相談役ですが庶民的《しょみんてき》な方で、日曜日に軽くジャンバーをひっかけて、長住の商店街や露店市《ろてんいち》をぶらぶらしておられる気さくな姿をよく見かけます。名刺から解放された休日の川合さんには、遠くからの目礼《もくれい》だけで失礼しています。

自転車で久しぶりに桧原桜を見にこられて一帯が桜のポケットパークに生まれ変わっていることにびっくりされたそうです。このごろはまた、桧原桜の下を通る朝のジョギングを復活されているようです。

桜の樹に、落首《らくしゅ》の色紙が吊《つ》るされていました。

花やよし清酒またよし桧原道
一段と嬉し焼酎《しょうちゅう》のかおり
天国では、なかなか焼酎が手にはいりません　代筑前花守(笑止)

故・進藤市長に代《かわ》っての天衣無縫《てんいむほう》の花見の歌に吹き出してしまいました。

桧原桜が回生《かいせい》十五年を迎えた平成十年の春三月下旬は、花冷《はなび》えが続いて、花はまだ四分咲きでした。三月二十八日。花曇《はなぐも》りの土曜日の午後五時。桜の下に花守りたち十二名が集まって、初顔合わせの花見となりました。

進藤さんの令嬢《れいじょう》、財界のリーダー、デパートや会社の会長、新聞記者、中学の先生、市役所の局長・課長、朗詠会《ろうえいかい》の先生、銀行員といった職業も年齢もばらばらの忙しい人たちが、花の縁に誘われて桧原桜の下に集まりました。

大方《おおかた》が初顔合わせでしたが、缶ビール一缶の乾杯で、すぐに幼《おさな》なじみのようにうちとけました。一人ひとりが、花あわれの見えない糸で結ばれた不思議な連携《れんけい》プレーで、桧原桜の回生《かいせい》に大切な役割を果たしていたのです。それぞれの、花の縁をかみしめながらの花見でした。

それから、割烹店《かっぽうてん》の「きん哉《や》」に移って花の縁を語り合いながら懇親《こんしん》を深めました。この日のために、床《とこ》の間《ま》には、私が進藤さんからいただいて友人の奥さんに軸装《じくそう》してもらった「大和心《やまとごころ》の歌」の色紙がかけられています。令嬢の洋子さんと一緒に、筑前の花守りも、今日の花守りの会に参加されているかのようです。

花守りたちの回顧《かいこ》話にうなずいていると、石井さんがやおら短冊《たんざく》を配って、桧原桜への献歌《けんか》をと宣言し、皆を驚かせました。

石井さんは自作を用意していて

花めでる裕《ひろ》き心で都市造《まちづく》り

まわりから、カンニングの声があがりましたが、「皆さんの分も用意があります」で爆笑《ばくしょう》。すかさず、新聞記者の松永さんが

　　花めでる裕《ひろ》き心で記事を書き

と和《わ》して大笑いでした。川合さんは好きな言葉だからと、

　　花は桜木ひとは武士情けは人の為《ため》ならず

私は笑うばかりでしたが、胸がつまって

　　みなのみなのみんなの桜桧原桜

で責《せ》めを果たしました。

当日のメンバーは

川合辰雄さん（電力会社相談役）、中牟田《なかむた》喜《き》一郎《いちろう》さん（デパート会長）、進藤洋子さん（故・進藤一馬《かずま》市長令嬢）、大島淳司《じゅんじ》さん（電機製作所会長）、鳥居千鶴子さん（中学教師）、

岩谷正子さん（吟詠会宗家《ぎんえいかいそうけ》）、川田啓治《けいじ》さん（吟詠会会長）、石井聖治《しょうじ》さん（福岡市局長）、眞子國紀《まこくにのり》さん（福岡市課長）、松永年生《としお》さん（新聞記者）、松下則通《のりみち》さん（新聞カメラマン）、土居善胤《どいよしたね》（銀行員）の十二名でした（お役目は平成八年当時）。

こうして、最初の「花守り会」が実現しましたが、みんなでぜひお招きしたい人たちがありました。

いちばんに花の命乞《ご》いの歌を桜樹に寄せられた詠みびと知らずの人たちですが、調べる手だてがありません。

次は、伐採《ばっさい》を請《う》け負《お》いながら、伐《き》るのをやめた気持ちのやさしい業者さんですが、どうしても捜《さが》しだせなくて残念でした。

話題になっているのだから、名乗り出てくれればいいのにとの声がありましたが、「とにかく最初の一本を伐ったけん、調子がわるうて言いだせんとやろう」と石井さんが言ったので大笑いでした。

遥《はる》か昔の少年の日に、父親が請《う》け負《お》った桧原桜の植樹《しょくじゅ》を手伝ったという荒川澄登《すみと》さんも。ご高齢ですがお近くですから、私の知らない昔話をうかがえるだろうと楽しみです。

そして、市役所の裏方さんたち。この人たちは口が重くて、大方《おおかた》がブラインドの向こうでしょう。

次々と命乞いの歌を寄せられた瀬戸《せと》妙子《たえこ》さんも、電話帳をくって瀬戸コールをしましたが消息がつかめません。転居《てんきょ》されたのでしょうか。当時取材をされた松永さんも、周辺の様《さま》変《が》わりでお手あげ。つくづくと、桧原桜の歳月を感じさせるのでした。

会が終わって、あずかった短冊を川田さんや岩谷さんと桧原桜にかけながらいつか「花守り公園」と名がつけばいいなと話したりしていました。

「花守り会」はその後、民話作家の川本一守《かずもり》さん、「福岡さくらの会」の平川宗一さんと中島政憲《まさのり》さん、南区長の永松正彦さん(現、市民局長)、進藤邦彦市会議員らを迎え毎年四月上旬の土曜日に催《もよお》されています。

團伊玖磨《だんいくま》さんは、三年後の昨年春、十七年ぶりに桧原桜との初のご対面を果たされましたが、間もなく中国の蘇州《そしゅう》で亡くなられて終《つい》のご対面に。悲しいことでした。

✻——思わぬ果報

そして思いがけない果報が、またひとつ広がりました。平成八年に『文藝春秋』(五月号)の巻頭随筆に載《の》った「花かげの花守りたち」を二〇〇〇年度からの小学六年生の副読本《ふくどくほん》『みんなの道徳』に使いたいと、学習研究社から申し出があったのです。

そして一昨年の春、カラーのイラストが入って、子供向けに見事にリライトされた教科書がとどいて、小さな騒動《そうどう》になりました。

「お前さんのことが道徳の副読本に。世も末じゃのう」と周辺が目をぱちくり。

「ま、おめでたいハプニングやな、なんかしょうや」と永年の友人である監査役の木村順治さんが言いだしたようです。友人代表の本田正寛《まさひろ》さんやOB長老の藤慎一さんほかの人たちが松本攻《おさむ》相談役を代表にして、私と家内をサカナにする会をたちあげてくれました。

ふたを開《あ》ければ、四島頭取《ししまとうどり》から懐《なつ》かしいOB、組合の面々《めんめん》まで二百二十名の参加です。はるか昔の課員だった西原そめ子さんや佐藤真知子さんは、菓子持参の茶席までしつらえて祝いの歌まで。

桜花《はな》惜《お》しむやさしき心市長《ひと》酔はせそのエピソード教科書に載《の》る　そめ子

いやはや、まったく恐縮しました。

花守りの川合辰雄さんや、中牟田喜一郎さん、石井聖治さん。この文集を最初に読まれた藤金之助さんと八木浩さん、大分から駆けつけてこられた版画家の寺司勝次郎さん御夫妻らから、嬉しい洒脱《しゃだつ》なエールをいただきました。

以来、〝お前さん、もう悪いことは出来ないな〟と、周辺から冷やかされています。小学一年生の道徳副読本『生きる力』（福岡県版・大阪書籍）にも載せられていて、さらに身のひきしまる思いです。

昨年の春、俳人の寺井谷子《たにこ》さんから、教科書のお祝いにと、古今の花の句からご自分で選ばれた「桜百句」をいただきました。福岡現代俳句協会の理事で、俳誌《はいし》『自鳴《じめい》鐘《しょう》』を編集発行されている寺井さんは、たいへんお忙しい方ですが、吟行《ぎんこう》、著述《ちょじゅつ》、指導の合間に珠玉《しゅぎょく》の百句を選ばれて、花に間に合うようにと届けていただいたのです。

芭蕉《ばしょう》から蕪村《ぶそん》、一茶《いっさ》、虚子《きょし》、静雲《せいうん》、誓子《せいし》、白虹《はっこう》、久女《ひさじょ》、朱鳥《あすか》、汀女《ていじょ》、兜太《とうた》ら八十一人の桜の秀句《しゅうく》を雅《みやび》な和紙にワープロで打たれ、背を茜《あかね》の糸でとじられた、天下にただ一品《いっぴん》の桜の句集です。しっとりとした味わいの手作りの選句集を掌《て》に、花がもたらした果報の思いに浸《ひた》っていました。

咲き満ちてこぼるる花もなかりけり　虚子《きょし》

花浴《あ》びて身に雲満つるおもひかな　楸邨《しゅうそん》

空をゆく一かたまりの花吹雪《はなふぶき》　素十《すじゅう》

さくら咲く方へ未明の道選ぶ　房子

天に花地に花透明な相合傘《あいあいがさ》　谷子

✿―― 家族の歳月

桧原桜と花かげの花守りたちの十八年は、桜と私の家族との語らいの日々でもあったようです。

桜が助かったことを誰よりも喜んでいたお袋《ふくろ》も九十五歳で、いまは家を嗣《つ》いだ末娘の廣・節子夫妻の孝養《こうよう》を受けながら、世話の行き届く武蔵野市の病院で、懇篤《こんとく》な看護《かんご》を受けています。

毎月、病院で催《もよお》される誕生《たんじょう》パーティでは、女学校時代に得意だったピアノを弾《ひ》いたりして、なかなかの人気者だったそうです。年頭《ねんとう》には書《か》き初《ぞ》めを送ってきていました。浮《う》き雲のように飄然《ひょうぜん》とした筆づかいの味わいがなかなかいいのです。そして文字が「強い信念」なのには参りました。年々気《き》映《ば》えを見せてくれて、なかなかやるお袋さんでした。
だが、寄る年波で、昨春から気持ちが天に遊ぶようになりました。見舞にいくと柔和な実にいい表情なのでほっとしました。看護婦さんが、おばあちゃんは〝美《うるわ》しき天然《てんねん》〟が好きで、よくハミングしていたと教えてくれました。じゃ歌いましょうと、大阪の姉が言いだして、六、七十代の娘《むすめ》と婿《むこ》たち六人のお袋に捧《ささ》げる病室コーラスが始まりました。

空にさえずる鳥の声、峯《みね》よりおつる滝の音……

これから始まる一番だけ、うろ覚《おぼ》えながらなんとか唄えそうです。いい歳の娘たちが、涙ぐみながら、何回もアンコールして……。
そして「お母さんにサービスよ」と、お袋さんの誇りだった、北原白秋《はくしゅう》作詞、山田耕筰《こうさく》作曲の「大分高等女学校の校歌」も歌っていました。

由布《ゆふ》の峰雲井《みねくもい》に仰ぎ見るこの窓

しのゝめ今ぞ匂《にお》いこめぬ
あゝ心高く正しきもの
少女《おとめ》われら立ちて
姿かくあらまし
清けし凛《りん》たる梅
第一高女第一高女

（＊しののめ（東雲）＝あかつき、あけぼのの意）

意識が天に遊んでいるお袋ですが、瞳《ひとみ》をぱっちりと見開いて、私たちを見つめているようでした。

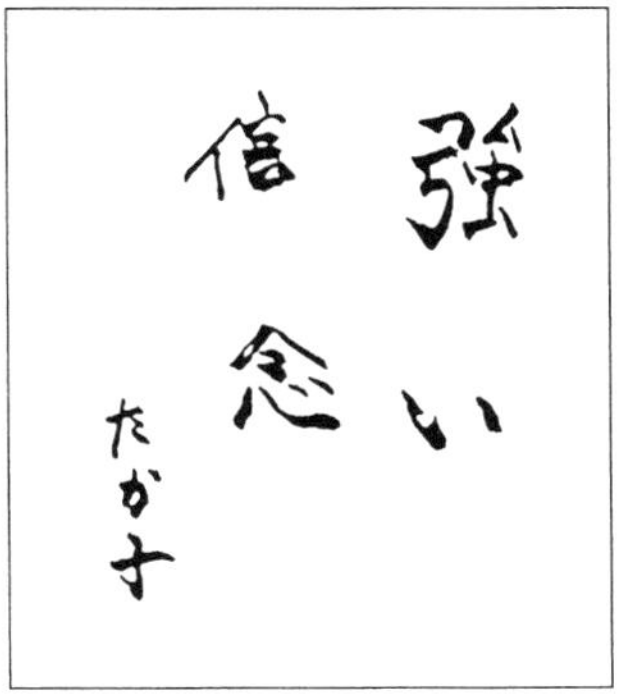

❀——さようなら團伊玖磨さん

四年前、上京したときでした。久しぶりに東京の空気を吸った気分の弾《はず》みだったでしょうか。銀座の喫茶店でひと休みした時、ふと思い立って、團伊玖磨《だんいくま》さんに、桜を見にお出でになりませんかと、お招きの手紙を書いたのです。アドレスは、いつかお願いしなければと、手帳にひかえていました。

数日後に丁寧《ていねい》な電話があって、「今年は北国に予定があって行けないが、いつか必ず」と嬉しいご返事でした。

昨年のはじめに花守りの川田さんから電話があって、團さんが祖父君《そふぎみ》の「團琢磨《だんたくま》」を語る講演で二月に大牟田《おおむた》市に来られるそう。花時《はなどき》ではないが、元気な桜を見ていただくのもいいのでは。お誘いしては、との案内でした。

それで、さっそく電話をすると、秘書の佐藤静恵さんから、「せっかくなら、花時に。三月二十八日に、柳川《やながわ》で『白秋《はくしゅう》を語る夕《ゆう》べ』があるので、翌日のお昼なら」とありがたいご配意です。

花守りの石井聖治さんに迎え役を引き受けていただいて助かりました。私も、大牟田の講演会に行き、石井さんと柳川のトークの会にもうかがって、イメージをふくらませて当日を迎えました。


平成十三年三月二十九日、待望の團伊玖磨さんが、桧原桜《ひばるざくら》と対面されました。團さんが『パイプのけむり』に、「ついの開花」のペンを執《と》られてから十七年。桧原桜と初めてのご対面でした。

冷雨《ひさめ》まじりの空模様《そらもよう》が気になりましたが、團さんが着《つ》かれる前に雨があがり、次第に晴れ間も見えそう。そして暖冬だったせいでしょうが、例年なら五分咲きの桜が、九分咲きでほぼ満開の花景色《はなげしき》です。桜たちも、命の恩人を迎えて、花爛漫《はならんまん》で歓迎の心《こころ》意気《いき》だったのでしょう。

團さんは、ゆっくりと足をはこんで、爛漫の花景色《はなげしき》を見あげながら、静かに花々と話しあっておられるよう。ほのかに笑みを浮かべられて、花々と初の対面を楽しんでおられたのでしょう。

「皆さんが、いいことをなさって。桜が助かって、こんなに見事に咲いている。よかったですね」と言われ、「桜と、皆さんに、会えてよかった。来年も来たいですね」と話されたことが忘れられません。

團さんを迎えて、桜に一首が寄せられていました。

面《おも》はゆし世界にしれし桧原桜
パイプの君を待ちて咲きおり　笑止

團さんが、詩人の丸山豊さんの詩に作曲された合唱組曲に「筑後川」があり、詩人の犬塚堯《ぎょう》さんの詩に作曲された「筑紫賛歌」では、福岡にエールをいただいています。山崎広太郎福岡市長も歓迎に駆けつけて、筑前の花守り談義がはずんでいました。

＊犬塚堯氏の名前の読み方は、ご本人常用の「ぎょう」にしたがいました。

これは、そのとき、團さんが色紙にのこされた寄せ書きのサインです。もう一つの色紙には「以感謝《もってかんしゃ》」とも書かれています。これが桧原桜と最初の、そして最後の、嬉しくて、ついに果敢《はか》ないご対面だったのです。

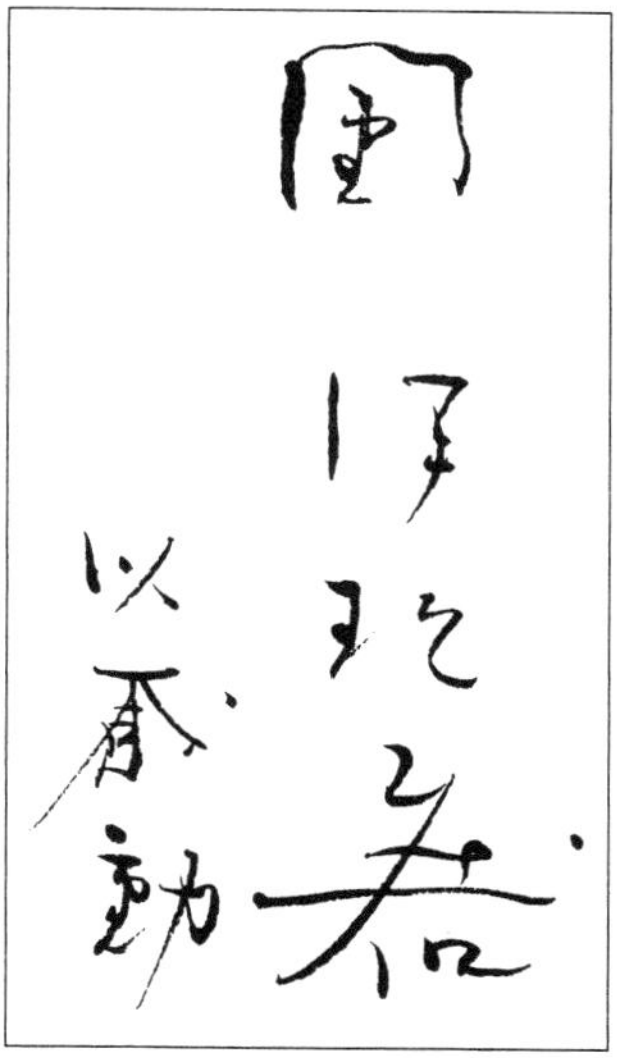

團伊玖磨氏のサイン

平成十三年五月十七日。「團《だん》伊《い》玖《く》磨《ま》氏、中国の蘇州《そしゅう》で客死《かくし》」の悲報《ひほう》は衝撃《しょうげき》でした。私たちは、つい四十余日前に團さんを迎えて一緒に花見をしたばかりです。私は言いようのない深い悲しみにうたれて、しばらく呆然《ぼうぜん》としていました。

六月二十一日。東京護国寺《ごこくじ》での團さんのご葬儀《そうぎ》に桜原桜と花守りたちを代表してお参りしました。二時間前に着いたので一番参着《さんちゃく》です。本堂前の席の最前列で開式を待ちました。

祭壇《さいだん》にはいまにも話しかけられそうな、笑顔《えがお》の遺影《いえい》が飾られています。「やっ、いらっしゃいみたい」と、弔問《ちょうもん》の女性の声です。

森繁久彌《もりしげひさや》さんや吉永小百合《さゆり》さんや、そして各界からの献花《けんか》がいっぱいで、日本の文化山系を一望にする思い。團さんのご活躍の広さを目《ま》のあたりに拝《はい》しました。見慣《みな》れた人がと思うと、小泉総理大臣の焼香《しょうこう》でした。

昨年は團イヤーで日本列島の音楽縦走《じゅうそう》を完結《かんけつ》され、『アサヒグラフ』に三十六年続いた名随筆「パイプのけむり」のペンを擱《お》かれ、最終章が「さようなら」で「僕はもう此処《ここ》には帰って来ない」と。

そして桧原桜と、最初で最後の対面をすまされて……。

あれもこれも、完璧《かんぺき》なフィナーレに、團さんを駆《か》り立てるものがあったのでしょう。

読売新聞のコラム「編集手帳」(五月十八日)は、「ロマンスグレーの総髪《そうはつ》にパイプがよく似合った」と團さんの風貌《ふうぼう》を偲《しの》びながら「知人には気になる言葉も残している。『一人でやって行くのも、どうも一年が限度だな』。昨年四月に亡《な》くした最愛の和子夫人のもとへ、それにしても、あまりにも突然の旅立ちだった」と。

『パイプのけむり』の「ついの開花」は、「桧原の灌漑用水《かんがいようすい》の水面《みなも》には、この小さな、然《しか》し、美しい心の歴史が、何時《いつ》までも、春の廻《めぐ》る毎《ごと》に、絢爛《らんまん》と咲《さ》き誇る満開の桜とと

團伊玖磨氏と桧原桜の対面（写真提供・西日本新聞社）

もに映《うつ》る事《こと》になると思う」と結ばれています。

いやいや、とても忸怩《じくじ》たる気持ちですが、今ごろは天国で、桧原桜を救った筑前の花守りとパイプと焼酎《しょうちゅう》で花談議をかわしておられるのかも知れません。

お招きの小さなアクションを起《お》こせてよかった。胸にしみるものを感じながら、桧原桜と花守りたちに代わって、「よくお出で頂きました。ありがとうございました」と遺影《いえい》に手を合わせていました。

✿――ボクは桜の係長

風雪《ふうせつ》に耐《た》えながら、周辺の人たちにあたたかく見守られてきた十三本の桧原桜が、新世紀を迎えました。公園指定の動きもあり、桧原桜公園になる日も近いようで楽しみです。「花守り公園」でないのがちょっぴり残念ですが、親しまれているなじみの名称のほうが自然で相応《ふさわ》しいのでしょう。多くの人たちのエールに包まれて、桧原桜は、また、新しい華《はな》やぎの時を迎えたようです。

いつだったか。品川駅の桜並木が伐採されて話題になりましたが、このてのニュースはきまって過去形で、そして行政叩《たた》きでチョンなのが口惜《くちお》しいですね。

桧原桜は、市民と、行政との、連携《れんけい》プレーで命をたもてて幸運でした。でも実際は、伐採が止《や》むを得《え》ない場合のほうが多いでしょう。

行政は事情を市民によく知らせ、市民と一体になって、〝さようならの花見会〟にもりたてたり、二代目の植樹を子供たちで、ｅｔｃと。しゃれた運びで、花々の新しい誕生を迎えたいですね。

私はいつも、好きな言葉をさがしているようです。いわば〝ワードホリック？〟で、気にいった言葉に出会うとすぐに手帳に書きつけていますが、花のフレーズに出会うと嬉しいですね。大方《おおかた》の言葉がすぐに色が褪《あ》せるのですが、永年胸にあたためている「箙《えびら》に花を」はいつまでも新鮮です。

そもそもは梅《うめ》花でしょうが、桜の花でもいい。背《せな》の矢筒《やづつ》に花をさして戦《いくさ》に向かう鎌《かま》倉《くら》時代の若武者《わかむしゃ》の心ばえ。たるみがちな日常に風が吹き抜ける感じがして、好きなのです。

今風《いまふう》ではありませんが、私を可愛がってくれた、観音様信仰《かんのんさましんこう》の篤《あつ》かった祖母マサノの「坊、きさないこと（きたないこと）をするな」は忘れられません。『昆虫記《こんちゅうき》』で有名なファーブルの「労働とは、生を、喜びの中に消費する最良の方法である」も好きです。

だが、聞くともなく聞いていたNHK川柳《せんりゅう》の入選作

定年後辞令《じれい》は緑の係長

も嬉《うれ》しい出会《であ》いでした。

この人は課長さんか部長さんか、もしかしたら社長さんだったかもしれない。気持ちの伸《の》びやかな人だなと、未見《みけん》の紳士《しんし》がいっぺんに好きになりました。

そして、ひとりごちに

定年後ぼくは桜の係長

と、和《わ》していて、思わず笑いました。

遠くないフリーの日に、朝早く起きて人気《ひとけ》のない桜パークで、ちょっぴりゴミや空き缶を拾って、ラジオ体操をして帰る。それもいいなと思ったのです。

――手作りの私文集

桧原桜のハプニングは、つい昨日の出来事のような気がしてなりませんが、そのまたたきの間に、花あわれの黙契《もっけい》が次々にセットされていました。

桜花の助命に歌を寄せられた詠《よ》み人知らずから、アポイントをとるのも大変な要職の人達まで、多くの人に〝花あわれ〟のドラマに無心《むしん》に参加していただいたのです。

そして見事なバトンタッチをしながら、歳月が解《と》き明《あ》かすまで、お互いの連携《れんけい》を誰も知らなかった。振り返れば、不思議な果報に紡《つむ》がれた桧原桜の十八年でした。

花々の感謝の代筆になればいいな。あちこちで伐られる並木や広場の木が、一本でも二本でも助かればいいな。そんな思いで、折々の発見を綴《つづ》っているうちに、点と線が結ばれて、拙《つたな》い〝手作りの私文集〟になっていました。

そのタイトルが『花かげの花守りたち』で、本書の原本なのです。

ふりかえれば思わぬ不思議の連続でしたが、私の〝桧原桜発見〟をありのままに述べたもので、フィクションは少しもありません。いまさらに、桜花《はな》の命の妖《あや》しさと切《せつ》なさにうたれています。

私文集は一版十冊から二十冊ぐらい作り、なくなると新しい発見を補い、気づいたところを訂正して改版してきました。多分、これまで二十数版、三百冊近くを発行した〝ミニ出版〟になっているでしょう。

もっとも手作りのワープロ作品で、プリント屋さんに依頼のコピー集ですから出版とは大仰《おおぎょう》ですね。

花守りたちや親しい人たち、望まれる人たちに進呈《しんてい》してきましたが、回し読みもされ、樹木《きぎ》の保護に援用《えんよう》されてもいるようです。

読まれた方から思い違いなどの指摘《してき》を受けるたびに、気軽に訂正《ていせい》してきました。その指摘も大方なくなったので、ひとまず〝完〟の気持ちで、筑前の花守のご命日《めいにち》に進藤家へうかがって、ご仏前《ぶつぜん》にお供えしました。胸につかえていたお礼をやっと果たせた思いでほっとしました。

平成十一年の春、この私文集に関心を持たれた『暮しの手帖』の宮岸編集長の薦《すす》めで、同誌の四、五月号にペンをとりました。巻末の「編集者の手帳」に、

「伐《き》られる運命だった桜の木が、どのような経過で伐られずにすんだか、なにごとにも行動をおこすことの大切さ、一つのことから人々の連帯が広がっていく不思議さとすばらしさ、そんなことがお読みいただけたら、と思います」

とあって、とても嬉しいエールでした。

桧原桜の下では、きっといまも、まだ誰も知らない花守り物語が生まれていることでしょう。

その方たちや、はじめに桜樹に歌を吊《つる》された方々から、ご連絡をいただければ。春ごとの花守り会にお出でいただければと願いながら、これからも、この物語をひそかなきらめきで充《み》たしていきたいと願っています。

✿——終　章

春の日。一本の缶ビールを手に、満開の桜の下に腰をおろして、伐採におののいていた十八年前の桧原桜を振り返れば、花の果報が夢のようです。『文藝春秋』のエッセーで、十二年振りの覆面《ふくめん》を脱《ぬ》いだのですが、死ぬまで黙《だま》っておれば、お前を見直してやるのに、と内心からの声も聞こえてくるようです。伐られる桜に、終《つい》の開花をかなえてやりたい。桧原桜物語は、そんな切なさから生まれた福岡の片隅のちいさなドラマでした。

あのとき、〝花あわれ〟の発信ボタンを私がどうして押せたのか。どうして素晴らしい花守りの大合唱にひろがったのか。いまも不思議でなりませんが、その役目は誰でもよかったのです。桜のまわりに渦巻《うずま》いていた〝花あわれ〟の切なさが、ひとつのきっかけを得て、多くの人の気持ちをとらえる風になったのです。

縦糸《たていと》に計《はか》り知れない何かがあって、ハプニングが横糸に次々にセットされていました。花かげの花守りたちの〝黙契《もっけい》〟が紡《つむ》ぎ出した〝花あわれ〟の歳月でした。

これで、語《かた》り部《べ》の役目は終わったようで、なにやら吹っ切れた感じです。

いまさらに、花に寄《よ》るな、花は遠目《とおめ》にの思いです。花かげにあるこそよけれ。花の至極《しごく》はひとりで花をめでる、缶ビール一本の酔い心地でしょうか。

小学一年の教科書が「サイタ　サイタ　サクラガサイタ」で始まった私たちですが、桜の花は、本当に日本人の気持ちをつなぐ花なのですね。

あまたあまた恩寵《おんちょう》うけし花の宴《えん》

あとがきにかえて

沖縄《おきなわ》から南風《はえ》にのってひたひたと北上する〝桜前線〟は、春いちばんの、気持ちのふくらむビッグニュースです。

まったくの自由を得た日に、沖縄から北海道まで桜前線を追って、家内と二人旅の「日本列島花巡礼」を夢見ています。

といっても、今はペーパードライバーですから、まずは運転再開の障害をクリアしなければなりません。

最初の定年から引き続き勤続が決まったとき、車の免許を忘れていたと話したところ、上司の中脩治郎《よしじろう》さんが、「明日からさっそく学校へ。遠慮無用《えんりょむよう》。早く免許を取ってください」と嬉しいご託宣《たくせん》です。

幸いに、自動車学校の市内巡回《じゅんかい》カーが、五時に銀行の前を通っていました。それならと思い立って、翌々日から学校へ通いました。授業料十六万円で一発でパスした時は、短大生の姪《めい》から「叔父《おじ》さん、すごい。ショック！」と、驚嘆《きょうたん》の葉書が舞い込んで大笑いしました。

なによりの定年記念になりましたが、それからは家内やお袋を乗せて、九州のあちこちを楽しくドライブしました。

ところが快走十年目を迎え、そろそろ次の車をと物色《ぶっしょく》にかかっていた六十五歳の時、家内が「ぜひ、聞いて」と、真剣な頼みです。あらためて何事かといぶかると、「車の運転を止《や》めてください。タクシーならいくら乗ってもいいから」と、キッとした宣告です。いそいそと助手席に乗っていたと思っていた家内の、突然豹変《ひょうへん》の衝撃《しょうげき》パンチでした。

ちょうど初孫の勇太が生まれたばかりで、「事故に遭《あ》ったら大変。お父さんにはまだしばらく元気でいてもらわなければ困る」と、グランママの現金な頼みです。続いて洸太、建太と団子《だんご》三兄弟が続いたので、この思いはなおさらでしょう。

知人に壮烈《そうれつ》な交通事故があったばかりでしたし、私が車庫の出し入れで何度かバンパーをこわし、内緒《ないしょ》で修理していたこともキャッチずみ。助手席で何時《いつ》もハラハラしていたという家内が、この機会に心配一掃《しんぱいいっそう》の緊急動議《きんきゅうどうぎ》をもちだしたのです。テキの絶対の気迫の前には、平素のカラ威張《いば》りもたじたじで、無法の要求を飲まされてしまいました。亭主の威厳《いげん》も地に堕《お》ちましたが、頑固《がんこ》な私が主権侵害をあっさりとのんだのは、初孫可愛《かわい》さでほろっとなったからかもしれません。

でも日本列島花見旅なら、車で北上したいものです。快挙実現に、まずは自動車学校の短期コースで、運転感覚を取りもどさなければなりません。車も真《ま》っ赤《か》なセダン、いや思いきって当世流行の４ＷＤにしてと、夢は広がるばかりです。それなら下手な油絵道具を積み込んで、日本列島の花の作品を連作できます。先年、博多で行われた日曜画家のチャーチル会全国大会で、名刺を交《か》わした〝芸術家〟を訪ねるのも楽しいでしょう。

気ままに花の開花を追い、夜は車の中で夜桜見物としゃれましょうか。ホームグラウンドの桧原桜をスタートに京都の仁和寺《にんなじ》から吉野のシロヤマザクラ、高遠《たかとお》のコヒガンザクラを見て、桜前線とともにゆるゆると北上。角館《かくのだて》の武家屋敷のシダレザクラを眺《なが》め、岩木山《いわきさん》を望む天下名勝の弘前城《ひろさきじょう》の桜を楽しんで、津軽海峡《つがるかいきょう》を渡る。五月の初めには函館《はこだて》五稜郭《ごりょうかく》のソメイヨシノに乾杯。そうして列島花巡礼《れっとうはなじゅんれい》二人旅の打ち上げをするのです。

テキは、「花の旅はいいわね。あなたも長い間働いてご苦労さまだから」とまんざらでもないのです。でも、車の旅とは思っていない。車の話を持ちだせば、状況は一変でしょう。

「契約違反よ。勝手にどうぞ」と強烈パンチが見え見えです。

〝花も嵐も踏み越えて〟、高等作戦は満《まん》を持《じ》して、慎重に展開しなければならないようです。

花々の感謝の代筆になれば、伐《き》られる並木が一本でも二本でも助かればと願って記した私文集が、出窓社《でまどしゃ》の矢熊晃《やぐまあきら》氏の目にとまり、加筆修正を加えて、『花かげの物語』となって世に出る果報《かほう》に恵まれました。

その校正のさなかに、桧原桜《ひばるざくら》との出会いをいちばん喜んでくれていた育ての親の邦平《くにひら》兄が亡《な》くなり、私文集にあたたかいカットを寄せてくださった親しい童画家《どうがか》の西《にし》島伊佐雄《じまいさお》さん、大隈言道《おおくまことみち》の桜の歌を教えてくださった桑原廉靖《くわはられんせい》さんが、團伊玖磨《だんいくま》さんのあとを追うように、花吹雪《はなふぶき》と散りました。

かけがえのない人たちに捧《ささ》げる、レクイエムとなりました。

平成十四年　早春

土居善胤《どいよしたね》

桧原桜、その後の十二年 ――回生三十年にあたって

本書の発刊から十二年。花哀れの黙契に紡がれた桧原桜物語は不思議な広がりを見せています。桧原桜回生三十年にあたり、その後の花便りを記《しる》します。

＊ **桧原桜公園が誕生。**

平成三年の夏でした。市役所で「緑地公園部」の標識に惹《ひ》かれ、飛び込みで公園認可のお願いをしたのです。担当の植木義文係長さんが「申請書を。様式は自由です」とおっしゃる。「ワケありで、名前は出せない、ハンコも押せないが」と念をおすと、「かまいません」の返事。それで、申請者を「桧原桜」にして、呆気《あっけ》なく受理されました。

数ヶ月して再ノックすると、係長は転勤。申請書には、局長さんまでのハンコが押されて、「継続審議」となっていました。あの係長は、風来坊との約束を見事に果たされた紳士でした。私は、目頭《めがしら》が潤《うる》むのを抑《おさ》えることができませんでした。

この話には後日談があります。それから九年後、植木係長は、本拠の緑地公園部長に栄転復帰されたのです。公園拡大の敷地の布石を打たれ、次の久保田家且《いえかつ》部長により、平成二十年に、児童公園の趣も備えた、すばらしい桧原桜公園が実現したのです。

＊「ファンタジー」から「新作能」。そして、「都市景観賞」に。

桜原桜は、次々に不思議な果報を紡いでくれました。中村旭園《きょくえん》さんの「筑前琵琶」に取り入れられ、神田《かんだ》紅《くれない》さんの講談で博多と上野の本牧亭《ほんもくてい》で公演。平成二十一年には、鈴木新平さんの演出で、市民参加のファンタジー『桧原さくら物語』が生まれました。

翌二十二年には、能楽師久貫弘能《くぬきひろのう》さんの台本に白坂保行さんらが尽力され福岡市能楽協議会の各派合同による新作能「桧原桜」が公演され、まことに仰天《ぎょうてん》の思いでした。博多の歌人大隈言道《おおくまことみち》と桜の精との桜問答で展開され、月光の中に筑前の花守りが現れる見事な演能でした。

ファンタジーも能も、庄司潤平、絹見祐佳里《ゆかり》さんら九州大学大学院芸術工学府の若い学生さんの提案だったのが嬉しいですね。それを藤原恭司教授がサポートされ、南区の池下雄規《ゆうき》区長に提言されて実現した、官・学・民一体の新鮮なプロジェクトでした。ともに南市民センター文化ホールが、満員の盛況でした。

学研教育みらいの小学六年生の道徳副読本には、平成十二年以降、桧原桜が取り上げられています。そして、福岡の文化を包む優れた景観に与えられる「福岡都市景観賞」が、平成二十二年に桧原桜公園に授与され、新たな風に包まれたのです。

＊ 短歌の「桧原桜賞」

桧原桜物語の発端は、花哀れの歌問答からでした。人と人の優しさと桜花の美しさを短歌でと、市が制定した「桧原桜賞」も平成二十五年で第四回。北海道から沖縄まで、約五千首の歌が寄せられ、三月末日、爛漫《らんまん》の桧原桜の下で表彰式が催されます。

青空に幣《ぬさ》振る神のみ手ありや　土へ水へといそぐ花びら

第一回桧原桜賞　福岡市長賞　石井美智子

また本年は同日に、桧原桜にエールをいただいた、作曲家團伊玖磨さんを追慕して、團さんの信頼のあつかった中野政則さんの尽力で、現田茂夫さんの指揮により「團伊玖磨記念『筑後川』IN桧原」の合唱組曲公演が同ホールで催されます。

＊〝花っこ〟とともに

地元の誇りを児童にとの、高木義則校長先生から松永麗実子《れみこ》校長、現・森宏介校長につながる西花畑小学校の教育方針で、私は平成十三年から児童に桧原桜物語を語り伝えています。学校のスローガンも「花っ子」です。子供たちが、桧原桜に掲げる可愛い歌の短冊《たんざく》は、校区の春風として市民たちに親しまれています。

春になり桧原桜が目をさます　みんなにハート　ぽわんとくれる

第三回桧原桜賞　小学生の部　南区長賞　吉村圭祐《けいゆう》

＊日本一のミニ図書館

桧原桜公園の歌碑の横にステンレスの立派な郵便受けのボックスがあります。これが桜の図書館で、案内に、「桜並木を守った方が書かれた本が二冊入っています。読書後はお戻し下さい」とあって、確かに日本一のミニ図書館でしょう。

「一片が我が人生か花吹雪　霞葛」の一句がそえてあります。本はよく回転していますが、補充は、せめてもの著者の役目とさせていただいています。

西日本新聞のコラム『春秋』（平成20・2・29）にも取り上げられ、「物語を知る一人として、語り継ぐ輪を広げる手伝いを、と願う誰かが思い立ったのだろう。都市風景は変わっても、桜との契りがはぐくんだ心の景色は変わらない」とありました。

この頃なんとなく、「運命は降《ふ》ってくる」と思うことが多いのです。桧原桜との出会いは、私に降ってきたかけがえのない運命だったのでしょうか。

―桧原桜は元気です。老若合わせて十七本。つぼみを膨らませて爛漫の開花に備えています。

花吹雪

・花守りの大島淳司さんが、本年一月に享年八十二歳で逝《い》かれました。桧原桜の延命に、たいへんお力添えをいただきました。謹んでご冥福をお祈り申し上げます。

・桧原桜を愛したお袋の小門たか子は平成十八年に百歳目前になくなりました。

平成二十五年　早春

著者記す

春爛漫に
おでかけ下さい

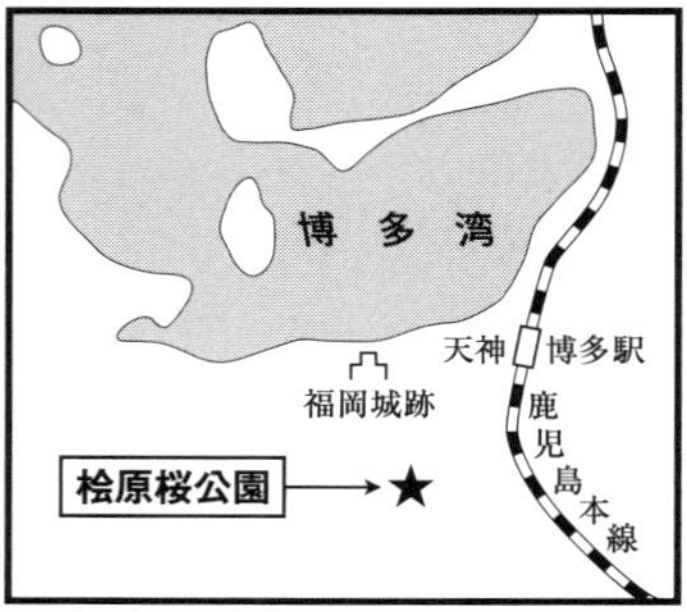

“桧原桜”公園は

「博多駅」と「天神」から

車で20分～25分。バスで30～35分です。

＊「桧原桜公園」は、福岡市南区桧原1丁目5。

車の方に

「福岡都市高速環状線（高架）」下の「福岡外環状道路（平成外環通り）と、天神から長住6丁目を経《へ》て桧原へ通じるメイン道路の交差点が「桧原桜公園」です。蓮根《れんこん》池（旧赤牟田池）の畔《ほとり》です。

バス（西鉄バス）をご利用の方に

◆**天神**からは

「天神北」か、次の「大丸前」バス停から

●バスナンバー55番、152番の桧原行きに乗り「西花畑小学校・桧原桜前」で下車。

明治道路の「福ビル前」か、次の「協和ビル前」から

●52番（桧原行き）に乗り「西花畑小学校・桧原桜前」で下車。
＊バスが「長住6丁目まで」の場合は、下車して右折、徒歩3分。

◆**JR博多駅**（博多口駅前）からは

●65番（桧原行き）か、67番（柏原行き）に乗り、「長住6丁目」で降り、右折して徒歩3分。

◆**西鉄大橋駅**からは

●区2番（桧原行き）に乗り、長住6丁目下車。徒歩3分。

●700番（福大病院行き）に乗り、「桧原桜前」で下車。

◆**「桜町」バス停**（小笹～桧原の間）からは、徒歩約8分。

（平成25年3月現在）

著者　土居善胤（どい・よしたね）

1928年、愛媛県生まれ。1954年、福岡相互銀行（その後、福岡シティ銀行、現・西日本シティ銀行）に入行。長年、広報にたずさわり、退行後も同行発行の「博多・北九州に強くなろう」シリーズを担当している。1996年、『文藝春秋』5月号「巻頭随筆」に書いた桜原桜助命のいきさつが、評判を呼び、小学校教科書の副読本に採用された。

図書設計　熊沢正人
本文カット　西島伊三雄
口絵写真　諸岡敬民、土居善胤

花かげの物語

2002年3月23日　初版発行
2013年3月10日　第3刷発行

著者　土居善胤
発行者　矢熊 晃
発行所　株式会社 出窓社
東京都武蔵野市吉祥寺南町 1-18-7-303　〒180-0003
電話　0422-72-8752
ファクシミリ　0422-72-8754
振替　00110-6-16880

組版・製版　東京コンピュータ印刷協同組合
印刷・製本　シナノ パブリッシング プレス

ISBN4-931178-39-1　NDC380　188　184p

出窓社◉話題の本

定本 二人で紡いだ物語

米沢富美子

海外赴任した夫を追ってイギリス留学した学生時代から、三人の娘を育てながらの研究生活、生死の境を彷徨った自らの病と最愛の夫との悲しい別れ。そして、茫然自失から再生への手探りの歳月。女性初の日本物理学会会長や数々の賞に輝き、世界の第一線で活躍する著者の半生記。新章と口絵を加えた決定版。

一八九〇円

正二郎はね ブリヂストン創業者父子二代の魂の軌跡

中野政則

陰徳の起業家として知られるブリヂストン創業者の石橋正二郎と息子幹一郎。父子二代にわたって社会貢献を続けた二人の精神の軌跡を幹一郎の身近に仕えていた著者が綴った渾身の書。「正二郎はね」と、父を語る息子幹一郎の語り口が、父子の関係を優しく包みあげる掛け替えのない書。

一八九〇円

團さんの夢

中野政則

六つの交響曲と国民的オペラ「夕鶴」、合唱組曲「筑後川」「西海讃歌」などを作曲し、また名随筆「パイプのけむり」で多くのファンを魅了した團伊玖磨と父祖の地・九州の関わり、未来への想いを、長年、團伊玖磨の音楽活動を支えてきた著者が、万感の思いで描いた人間・團伊玖磨の素顔と夢と志。

一六八〇円

私は日本のここが好き! シリーズ

加藤恭子 編

「外の眼」が見たニッポンは、どのような姿をしているのだろう!? 一人ひとりが規則を守る国、世界一の「一般人」がいる国…等々、当たり前過ぎて気がつかない日本と日本人の美点を教えてくれる大好評シリーズ。正編・続編と東日本大震災へのエールをまとめた特別版。

正・続共 一五七五円 特別版 一〇五〇円

http://www.demadosha.co.jp

(価格はすべて税込)